扇三角洲高频层序界面的
形成机理及地层对比模式

张　锐　任来义　马芳侠　贺永红　著

西南交通大学出版社

·成都·

图书在版编目（ＣＩＰ）数据

扇三角洲高频层序界面的形成机理及地层对比模式／
张锐等著. 一成都：西南交通大学出版社，2018.7
ISBN 978-7-5643-6262-1

Ⅰ. ①扇… Ⅱ. ①张… Ⅲ. ①三角洲相 – 地层界线 –
研究 Ⅳ. ①P534

中国版本图书馆 CIP 数据核字（2018）第 140431 号

扇三角洲高频层序界面的形成机理及地层对比模式

张　锐　　任来义　　马芳侠　　贺永红　**著**

责 任 编 辑	柳堰龙
封 面 设 计	何东琳设计工作室

	西南交通大学出版社
出 版 发 行	（四川省成都市二环路北一段 111 号
	西南交通大学创新大厦 21 楼）
发 行 部 电 话	028-87600564　028-87600533
邮 政 编 码	610031
网　　　　址	http://www.xnjdcbs.com
印　　　　刷	四川煤田地质制图印刷厂
成 品 尺 寸	170 mm×230 mm
印　　　　张	8.5
字　　　　数	143 千
版　　　　次	2018 年 7 月第 1 版
印　　　　次	2018 年 7 月第 1 次
书　　　　号	ISBN 978-7-5643-6262-1
定　　　　价	48.00 元

前　言

经典层序地层学和高分辨率层序地层学原理、技术、方法已成功地应用于陆相盆地的油气勘探阶段，但是其研究精度还不能满足油田开发阶段小层、单层级别地层划分与对比的需要。究其原因，主要是传统层序地层学只考虑了气候变化、构造运动等异旋回的作用，而在油气田开发阶段，例如河流分叉合并、河流侧向迁移等自旋回作用对层序结构和层序界面的形成起着更主要的作用。本书以扇三角洲为例，深入探讨了扇三角洲环境高频层序界面特征的变化规律，分析了自旋回因素和异旋回因素对扇三角洲环境高频层序界面形成与发育的控制作用，进而建立了扇三角洲不同相带的高精度地层对比模式。

本书在高频层序单元的级次划分与识别标志研究的基础上，首先系统分析了在四级基准面变化的不同阶段，五级和六级层序界面特征的变化规律；然后，分别探讨了扇三角洲高频层序界面形成的自旋回机制和异旋回机制，认为五级层序界面的形成主要受控于异旋回因素，六级层序界面的形成主要受控于自旋回因素；分析了构造运动和气候变化对五级层序界面的控制作用；分析了六级层序界面形成过程中的自旋回机制，认为流体性质的转变以及河水与湖水的相互作用是控制扇三角洲环境单一六级层序界面的主要因素；在高频层序界面形成机制研究的基础上，针对目前扇三角洲地层对比中所存在的难题，建立了扇三角洲不同相带的小层、单层级别的地层对比模式，为油田开发阶段的储层精细对比提供了理论支持。

本书在理论方法、模型构建和成果应用等方面均具有一定的创新性，对油气勘探与开发企业，各大高校与科研院所的沉积学、层序地层学专业师生具有较强的参考价值。

本书是项目组集体智慧的结晶，虽然取得了初步成果，但是由于时间仓促，加之研究水平有限，书中不当之处在所难免，敬请广大读者批评指正，以助我们在今后的研究工作中改进。

作　者

2018 年 6 月

目　录

第 1 章　高频层序地层学的理论基础 ······················ 1

1.1　高频层序的基本概念和研究现状 ················ 1

1.2　高频层序形成机制 ···························· 3

1.3　扇三角洲高频层序结构与对比模式 ············ 6

1.4　扇三角洲高频层序地层学研究存在的问题 ······ 8

第 2 章　研究区地质概况 ······························ 10

2.1　扇三角洲平原研究区地质概况 ················ 10

2.2　扇三角洲前缘研究区地质概况 ················ 13

2.3　野外露头研究区地质概况 ···················· 17

第 3 章　高频层序界面特征 ···························· 20

3.1　高频层序单元的级次划分方案 ················ 20

3.2　高频层序单元的识别 ························· 22

3.3　扇三角洲高频层序单元的划分及其界面特征 ········ 26

第 4 章　扇三角洲环境高频层序界面形成机理 ············ 68

4.1　异旋回机制 ································· 68

4.2　自旋回机制 ································· 86

4.3　异旋回机制与自旋回机制的区别与联系 ·········· 92

第 5 章　扇三角洲地层对比模式 ·······························95

　5.1　层序地层学在地层对比中面临的难题 ···············95

　5.2　扇三角洲地层对比模式 ·····························96

第 6 章　结　　论 ··119

参 考 文 献 ···122

第1章　高频层序地层学的理论基础

1.1　高频层序的基本概念和研究现状

1. 高频层序的基本概念

高频层序的概念起源于地质学家们对于准层序的研究。准层序最初被定义为"由海泛面所限定的层或层组组成的一个相对整合的序列"。作为准层序界面的海泛面被进一步定义为：一个将老地层与新地层分开的面，穿过该面水深突然增加[1]。这一定义主要是基于海岸沉积环境提出的，因此其定义不具有普遍性而造成概念的欠完整。Van Wagoner 和 Mitchum[2]随后将类似于准层序的地层单元重新命名为"高频层序"，对于准层序定义的欠完整性起到了一定程度的修正作用。郑荣才等[3]、Cross 等[4]所提出的短期基准面旋回和超短期基准面旋回，Anderson 和 Goodwin[5]提出的"米级旋回"，包括王鸿祯等[6]所称的"小层序"都属于高频层序的范畴。综合众多学者的观点，高频层序应是包含基准面上升期和下降期沉积的完整的地层序列，在不同沉积环境，高频层序的结构特征有差异。

2. 高频层序级次划分研究现状

Exxon 的经典层序地层学、Cross 的成因层序地层学、Galloway 的成因层序地层学以及 Miall 的储层构型要素分析理论关于高频层序单元的级次划分、高频层序的时限等方面有明显的差异。

经典层序地层理论源于二十世纪八十年代，Peter Vail[7]和来自 Exxon 公司的沉积学家继承了 Sloss[8]的研究成果，提出了"层序—体系域—准层序"这样一个完整的概念体系。层序是以不整合面或与之相应的整合面为边界的、一个相对整合的、有内在联系的地层序列。层序内部可以根据初始海泛面和最大海泛面进一步划分为低位体系域、海侵体系域和高位体系域。体系域内部则包含若干个具有相互联系的准层序组或准层序。基于这一理论体系，众多学者根据海平面持续的时间周期提出了层序划分方案[9]。受限于勘探程度、资料分辨率和现有技术手段，在三级层序内部进行高频层序划分时所能够识别的高频层序级次也不相同，但大多数划分至准层序组、准层序的级别，相当于四级和五级层序。根据前人的研究成果，四级层序时限在 0.08～0.5 Ma，五级层序的时限在 0.01～0.08 Ma。

Cross[4]及其成因地层学小组提出了高分辨率层序地层学理论与研究方法，其理论基础包括四个方面：地层基准面原理、体积划分原理、相分异原理与旋回等时对比法则。高分辨率层序地层学并没有根据海平面变化持续的时间来进行旋回级次划分，而是以不同级次的基准面变化将地层划分为不同的旋回，依据钻井和测井资料可以识别出来的最高级次的旋回称为短期旋回。Cross指出完整的短期旋回是具有进积和加积地层序列的成因地层单元。郑荣才等[3]根据其对多个盆地的高分辨率层序地层学研究成果，建立了各级次基准面旋回的划分标准，并且厘定了各级次旋回的时间跨度，将基准面旋回划分为六个层次：巨旋回、超长期旋回、长期旋回、中期旋回、短期旋回和超短期旋回。超短期旋回与短期旋回具有相似的沉积动力学形成条件和内部结构。

Galloway[10]的成因层序地层学起源于美国沉积学家 Frazier

所提出的沉积幕概念[11]。一个沉积幕相当于两次最大洪泛事件所限定的一个沉积复合体，而这一个沉积复合体依次由若干个相序列组成，这些相序列与准层序的规模相当，也属于高频层序的范畴。Galloway 在沉积幕的基础上提出了成因地层层序的模式，一个完整的成因地层层序由三个重要部分组成：退覆部分、上超海侵部分和代表最大洪泛事件的顶底界面。运用 Galloway 的成因层序地层学进行高频层序划分有其自身的优势，尤其是在油田开发阶段的地层对比工作中，在钻井和测井资料上，洪泛面比不整合面、冲刷面等层序界面易于识别，且侧向稳定性良好，十分有助于建立高质量的等时地层格架。

Miall[12]1985 年根据多年研究成果提出了储层建筑结构分析法，该方法的基本研究内容包括界面分级、岩相类型和构型要素三个方面。在随后的数年里，Miall 的不断研究使得储层划分方案达到相对完善的八级，具体为：一级界面——交错层系的界面；二级界面——层系组界面；三级界面——大型底型的内部界面，以低角度切割下伏 2～3 个交错层系；四级界面——单一河道的顶、底面；五级界面——河道充填复合体的大型砂体界面；六级界面——限定河道群或古河谷群的界面，相当于段或亚段；七级界面——大的沉积体系（Major depositional System）、扇域（Fan tract）、层序（Sequence）的界面；八级界面 - 盆地充填复合体（Basin-fill Complex）的界面。在建立界面分级系统的基础上，地质工作者可以进一步从三维角度将储层砂体划分为一系列具有特定成因、几何形态及内部非均质性的构成要素。

1.2　高频层序形成机制

对地层层序的形成机制有"自旋回"和"异旋回"两种解释。

针对这两种机制，国内外学者都投入了大量的研究工作，并取得了一定的成果。

1. 自旋回作用机理

有关自旋回（auto cycle）的研究最早开始于 1944 年，国外学者 Lewis[13]通过水槽实验展示了由单一基准面变化产生多个河流阶地的过程，Schumm 和 Parker[14]完善了这一实验，并且提出了关于河流阶地形成过程中的自旋回因素的概念模型。Muto 等[15-18]依据大量水槽实验指出自旋回是由自体因素（autogenic）产生的地层旋回，而对于地层中的自体因素，这两位作者做出如下解释：自体因素是地层对于稳定的外部驱动力的内在响应。

国内学者对于自旋回的概念也做出了类似的解释。高志勇等[19]在探讨洪泛面的形成机理时指出，地层内的自旋回沉积作用可视为基准面上升或下降过程中瞬间稳定地层过程的产物。在基准面上升或下降过程中的某一瞬间，曲流河"凹岸侵蚀、凸岸堆积"的沉积作用所形成的边滩-漫滩序列属于自旋回作用，而当基准面上升或者下降时，才会产生异旋回的河流序列。邓宏文等[20、21]在分析基准面旋回的识别方法时指出，构成河流相的任何一种单一微相与基准面的变化均没有任何直接的联系，只有微相的叠加样式才能反映 A/S 比值的变化，从而提供基准面升降变化的重要信息。

2. 异旋回作用机理

异旋回是由异源因素控制而产生的旋回。异源因素是与层序地层直接相关、控制相对大比例尺的盆地充填结构的因素，包括常见的构造运动、海平面升降、气候变化和物源供给等，其中以气候变化和构造运动为主导。在异旋回机制的驱动下多期单一微相呈现出有规律的叠加样式，因此准层序主要受控于异源因素。目前关于气候变化对高频层序形成与发育的影响的研究成果较为丰富，而有关构造运动的作用机理研究较少。

孙阳等[22]对大庆长垣姚家组进行了高频层序分析，认为高频层序与米兰科维奇旋回之间存在着较好的一致性，地球轨道变化所引起的湖平面变化是高频层序形成的主控因素。纪友亮等[23]根据录井及岩心等资料，在东濮凹陷沙三段沉积时期，识别出了湖平面变化的 6 级周期，其变化频率约为 1 000 次/Ma。如此频繁的湖平面变化，使得低位砂体分布比较广泛，但厚度较薄，形成东濮凹陷沙三段高位期的暗色泥岩与低位期的砂岩薄互层的特点。王冠民[24]通过对济阳坳陷古近系大量岩性资料的测试分析，研究了气候变化对湖相高频泥岩和页岩的沉积控制，认为在一定的古盐度和物源距离等沉积背景下，古气候变化通过控制古湖泊有机质、碳酸盐、黏土之间的沉积比例和湖水的分层性来进一步控制泥岩和页岩的发育和类型。Gibling 等[25]研究了印度恒河平原第四系河流露头剖面的高频层序结构特征，指出河流洪泛平原环境下高频层序的加积与退积对古季风气候有非常敏感的响应，进而建立了古季风控制下的洪泛平原高频层序模式。张成等[26]利用地质、地球物理等资料对乌尔逊凹陷下白垩统高频层序特征及其控制因素进行了分析，共识别出 16 个高频层序，并且提出在低构造沉降速率和温暖潮湿气候条件下，沉积物供给速率是控制高频层序形成和发育的主要因素。

近年来，在构造背景稳定的海相地层以及陆相坳陷盆地地层中，基于米兰科维奇旋回控制下的高频旋回分析，逐渐成为探讨气候对高频层序控制作用的重要手段[27-34]。但任拥军等[35]指出陆相断陷盆地为构造盆地，断裂构造理论以及大量地表、地下的构造、沉积现象都表明，短周期幕式构造沉降对陆相断陷盆地高频层序形成与发育存在不可忽视的控制作用。不同级别高频层序的形成可能响应不同级次的构造运动，构造活动并不是只控制三级层序的形成。在靠近断陷盆地盆缘主控断裂的一侧，构造运动有可能造成物源供给速率和盆地沉积速率的变化，进而出现完全由短周期幕式构造运动控制的高频进积-退积序列。向盆地沉积中心方向，盆缘断裂的控制作用可能会逐渐减弱，而气候因素占主导。解习农等[36]也认为，构造运动所带来的盆地沉降过程可能是非线性或间断函数，因此在高频旋回沉积过程中，会发生一系列规模较小的、不同频率的幕式构造沉降。池英柳等[37]探讨了幕式构造沉降作用对层序发育的控制作用，并建立了幕式构造旋回控制下的陆相层序地层单元分级方案。

1.3 扇三角洲高频层序结构与对比模式

国内学者分别依据经典层序地层学和高分辨率层序地层学理论对扇三角洲高频层序结构特征进行了深入的研究，建立了高频层序单元的分布模式，并在此基础上提出了扇三角洲地层对比模式。

赵俊青等[38]以东营凹陷胜北断层沙四上亚段扇三角洲沉积体为例，开展了高精度层序地层学研究，将扇三角洲沉积体系中的高精度层序地层单元划分为准层序组、准层序、层组和层四个级别（表 1.1）。根据 Van Wagoner 关于层组和准层序的定义，将扇三角洲沉积体系中的层组归纳为向上变粗的层组（Cu 型）、向上变细的层组（Fu 型）和向上变细再变粗的层组（Fu-Cu 型）三种类型，将准层序归纳为向上变粗的准层序（Cu 型）、向上变细再变粗的准层序（Fu-Cu 型）和由细变粗、再由粗变细的准层序（Cu-Cu 型）三种类型，并以河道底部冲刷面和洪泛面为对比标志，总结出了扇三角洲沉积体系中准层序的划分对比模式，包括顺物源方向的相序递变对比模式和切物源方向的侵蚀对比模式。针对层组的对比,依据河道形态特异性提出了分流河道发育区的层组对比模式,包括孤立水道对比模式、叠加水道对比模式和不稳定互层水道对比模式等三种对比模式。

表 1.1 扇三角洲沉积体系高精度层序地层单元与沉积地层单元对比(据文献[38])

层序地层				沉积体系		可对比性
层序单元	形成时间 /a	延伸范围 /km	级别	沉积单元	形成时间 /a	
准层序组	$10^3 \sim 10^5$	$3 \sim 15$	2	浊流体系、扇	$10^5 \sim 10^6$	剖面上可区域追踪,电测曲线可区域对比,地震可识别
准层序	$10^2 \sim 10^4$	$3 \sim 10$	3	扇朵、水下分流河道复合体	$10^4 \sim 10^6$	剖面上可追踪,油田范围可电测对比,三维地震可识别
层组	$10 \sim 10^3$	$50 \sim 300$	4	单个河道充填、席状砂、河口坝组合	$10^2 \sim 10^3$	剖面上可对比,小井距条件下可对比
层	$1 \sim 10^2$	$20 \sim 100$	5	成因砂体	$10 \sim 10^2$	剖面上可对比,井下可识别,对比困难

靳松等[39]对胡状集油田沙三中亚段扇三角洲相储层进行了高分辨率层序地层研究,依据纵向岩相组合和界面接触关系将研究层段分为若干个短期旋回,包括向上变深的非对称型、向上变浅的非对称型和向上变深复变浅的非对称型三种类型。在顺物源方向上,依据河道→河口坝→浅湖泥等微相的规律性变化,提出了界面(冲刷面)→岩石→界面(沉积间断面)的对比原则;在切物源方向上,依据分流间湾→分流河道→分流间湾等微相的规律性变化提出了湖泛面→冲刷面→湖泛面的对比原则。樊

中海等[40]考虑到多物源给扇三角洲砂体的精细对比带来巨大难度，因此根据地震、钻井等资料，提出了以五级层序为框架、以点物源为中心的储层精细对比方法。重点指出高频层序格架内，物源供给对层序构成样式的控制作用明显增强。根据扇三角洲砂体的岩性、厚度及其构成样式，可以判断其沉积物来源，在不同物源砂体的叠置区采用不同的对比方法。郭建华[41]以辽河西部凹陷为例，指出湖平面的升降旋回是控制断陷湖盆储集岩层分布的主要因素，根据湖平面变化形成的湖进-湖退（T-R）旋回和沉积旋回界面可以进行储层的划分与等时对比。

1.4 扇三角洲高频层序地层学研究存在的问题

通过对前人研究成果的总结、分析，认为扇三角洲环境高频层序单元的划分、层序界面的形成机理以及地层对比模式等方面存在以下有待于深入研究的问题：

1. 高频层序单元的级次划分方案

Miall 的储层划分方案方面与层序地层学三大学派的划分方案之间存在不同程度的不兼容现象，突出体现在：准层序界面、层组界面与 Miall 的四级界面、五级界面等所限定的地层实体不完全一致。

2. 高频层序界面形成过程中的异旋回机制与自旋回机制

首先，前人已经通过研究指出在高频旋回沉积过程中可能存在着短周期幕式构造沉降的影响，尤其在陆相断陷盆地主控断裂的一侧，高频沉积旋回的发育可能完全是由短周期幕式构造运动来控制的，但是对于具体的作用机理，目前还没有较为详细的研究成果出现。其次，已有学者注意到单一微相在形成过程中常常表现出与基准面变化不相符的变化趋势，并将其归因于自旋回因素的影响，但是对于自旋回的作用机理尚不清楚，自旋回与异旋回的相互关系也有待进一步研究。

3. 扇三角洲地层对比模式

扇三角洲沉积作用类型丰富，层序结构多样。前人提出的地层对比模式过于笼统，尚不能体现扇三角洲多种沉积微相之间的差异性，有待于深入研究扇三角洲不同微相环境下高频层序的内部构成和层序界面的特征。而且，随着油田开发工作的逐步深入，在进行单层划分与对比时自旋回作用的影响极大，现有对比模式也未能将这一影响考虑在内，因此亟待建立自旋回与异旋回共同控制下的地层对比模式。

第 2 章　研究区地质概况

为了深入分析扇三角洲高频层序界面的形成机理与对比模式，本书选取了克拉玛依油田六中区、柳赞油田北区和滦平盆地作为研究实例。克拉玛依油田六中区发育典型的扇三角洲平原亚相；柳赞油田北区以扇三角洲前缘沉积为主，且微相类型丰富；滦平盆地扇三角洲野外剖面的出露完整，可以弥补油田地下资料的局限性。下面分别介绍研究区的地质概况。

2.1　扇三角洲平原研究区地质概况

前人研究表明，准噶尔盆地西北缘克下组发育大规模的冲积扇，冲积扇由扎伊尔山山前延伸至湖盆中，形成扇三角洲体系，因此该区域发育的冲积扇构成了扇三角洲平原的主体（图 2.1）。本书以克拉玛依油田六中区大规模发育的扇三角洲平原沉积体为研究对象，探讨高频层序界面的形成机理。克拉玛依油田位于准噶尔盆地西北缘，西临扎依尔山，呈北东—南西条带状分布，长约 50 km，宽约 10 km，属单斜构造，自西北向东南阶梯状下降。油区断裂发育，根据断裂切割情况分为 9 个区和若干个开发断块，其中六中区为研究区域。

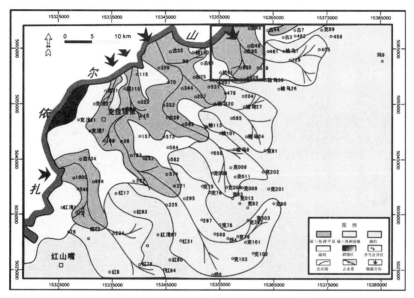

图 2.1　克拉玛依油田克下组沉积相平面图

1. 地 层 特 征

研究区自下而上发育石炭系、三叠系、侏罗系、白垩系等。三叠系包括百口泉组、克拉玛依下亚组（克下组）、克拉玛依上亚组（克上组）和白碱滩组 4 个组，其中克下组和克上组为主要含油层系，克下组为研究目的层。钻探和露头资料表明，克拉玛依油田克下组与石炭系呈不整合接触，缺失二叠系和下三叠统百口泉组。自下而上发育石炭系、三叠系下克拉玛依组（简称克下组）、上克拉玛依组、白碱滩组、侏罗系八道湾组、三工河组、西山窑组、头屯河组、齐古组、白垩系吐谷鲁群、古近系—新近系和第四系。克下组平均厚度为 60 m，可进一步分为 S6 和 S7 两个砂组，以及 7 个小层、11 个单层（表 2.1）。

表 2.1 克拉玛依油田克下组地层划分方案

组	砂层组	小层	单层
克下组	S_6	S_6^1	
		S_6^2	
		S_6^3	
	S_7	S_7^1	
		S_7^2	S_7^{2-1}
			S_7^{2-2}
			S_7^{2-3}
		S_7^3	S_7^{3-1}
			S_7^{3-2}
			S_7^{3-3}
		S_7^4	

2. 沉积相特征

根据单一扇体的相带分布特征，将整个冲积扇划分为扇根、扇中及扇缘 3 个亚相。扇根可划分为扇根内带（包括槽流带和漫洪带）和扇根外带（即片流带）。扇中以牵引流沉积作用为主，由辫流带和漫流带组成，扇缘主要由径流水道和漫流带组成。

槽流沉积发育在靠近山口的位置，槽流沉积物主要充填在古沟槽之中。片流沉积发育在槽流沉积外侧，在平面呈发散片状，主要由洪水携带沉积物冲出主槽在扇体的开阔空间上沉积而成，在顺源剖面上呈楔状。片流沉积物的粒度比槽流细，岩相类型主要为中—细砾岩相。随着洪水扩散，片流沉积逐渐演化为辫状河道沉积，水流携带的碎屑物质粒度变细。辫状河道向前流动，不断分叉，逐渐演化为小规模的径流水道。

2.2　扇三角洲前缘研究区地质概况

南堡凹陷柳赞油田沙三^{3}油藏是一个以扇三角洲沉积为主体的中—高渗油藏，埋深在 2 500～3 500 m，砂体分布十分复杂，储层的非均质性严重。柳赞油田处于燕山褶皱带前缘，渤海湾盆地南堡凹陷的东部，高柳构造带的东端，面积约 40 km^2。研究区紧靠东北部马头营凸起，西南侧面临拾场次凹，由于柏各庄断层的长期活动，研究区西部和南部古地形坡度较陡，来源于马头营凸起的碎屑物质经短距离搬运快速进入湖盆。

1. 地层特征

古近系发育的地层有沙河街组和东营组，沙河街组从下到上又细分成沙五段至沙一段五个层段，沙三段又分为五个亚段。沙三^{3}亚段为本次研究的目的层段，又分为Ⅱ油组、Ⅲ油组、Ⅳ油组和Ⅴ油组 4 个油组。其中Ⅱ、Ⅲ油组岩性相对较细，Ⅳ、Ⅴ油组岩性相对较粗。依据岩性组合特点和含油性，可细分为 8 个砂组、49 个小层（图 2.2、图 2.3、表 2.2）。

图 2.2　柳赞油田构造位置图

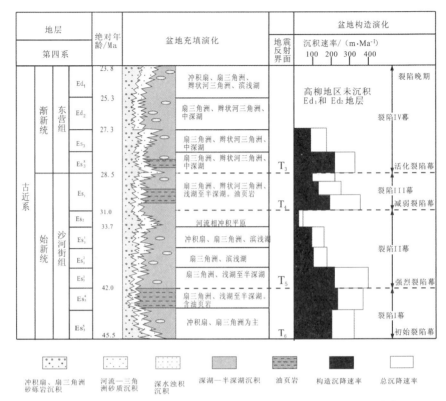

图 2.3 南堡凹陷柳赞油田构造演化及充填序列（据文献[42]）

表 2.2 柳赞油田地层划分方案

亚段	沙三³								
油组	II			III			IV		V
砂组	1	2	3	1	2	3	1	2	
小层	1~5	1~5	1~4	1~5	1~6	1~6	1~7	1~5	1~6
小层数	14			17			12		6

2. 岩相特征

研究区的岩性从粗到细依次为砾岩、砂岩、粉砂岩、泥岩。

砾岩可细分成中砾岩和细砾岩，砂岩可细分为粗砂岩、中砂岩、细砂岩。典型沉积构造有块状层理、交错层理、平行层理和波状层理。结合岩相与环境的关系，研究区岩相类型包含 7 个大类和 14 个亚类。其中既有反映重力流沉积机制的块状层理中细砾岩相，又有反映牵引流机制的交错层理粗砂岩、中-细砂岩相（表 2.3）。

表 2.3 柳赞油田北区岩石相划分类型表

岩石相大类	岩石相亚类
块状中细砾岩相	块状层理中砾岩相
	块状层理细砾岩相
交错层理粗砂岩相	交错层理粗砂岩相
块状砂岩相	块状层理粗砂岩相
	块状层理中砂岩相
	块状层理细砂岩相
平行层理砂岩相	平行层理粗砂岩相
	平行层理中砂岩相
	平行层理细砂岩相
交错层理中细砂岩相	交错层理中砂岩相
	交错层理细砂岩相
块状层理粉砂岩相	块状层理粉砂岩相
块状层理泥岩相	灰色、灰绿色块状层理泥岩相

3. 沉积相特征

扇三角洲平原仅在柏各庄断层根部分发育，且分布狭窄，由于多期次的构造活动，扇三角洲平原沉积物在本次研究的工区范围之内基本缺乏，而扇三角洲前缘较为发育，分布范围广泛。主要微相类型为水下分流河道、分流间湾、河口坝、舌状坝和席状砂等[43-45]。水下分流河道与平原辫状河道的岩性、层理特征相似，但叠置程度与平原辫状河道相比稍弱，由研究区东北部至西南部，水下分流河道逐渐分叉，规模减小，河道之间的滨、浅湖泥岩沉积逐渐变厚，单个分流河道垂向显示为粒度向上变细的较为完整的正韵律。分流河道在湖浪作用下逐渐形成河口坝和舌状坝沉积。研究区河口坝微相主要发育在不整合面之上的Ⅱ油组，其特征类似于曲流河三角洲河口坝，垂向上显示为典型的反韵律特征，砂体厚度较薄，平面上连片分布，并可见平行层理等牵引流构造（图 2.4）。舌状坝微相主要发育在Ⅵ、Ⅴ油组，其沉积特征与河口坝有明显的区别：① 与河口坝相比，舌状坝向上变粗[46]的反韵律特征不明显；② 舌状坝砂体中层理类型以块状层理为主，未见典型牵引流构造；③ 在平面上单个舌状坝呈舌状，而河口坝呈连片状。研究区前三角洲亚相的分布局限，基本不存在开阔的完全连通的半深水－深水的湖体，大面积的深湖区位于研究区西侧的拾场次凹（图 2.5）。

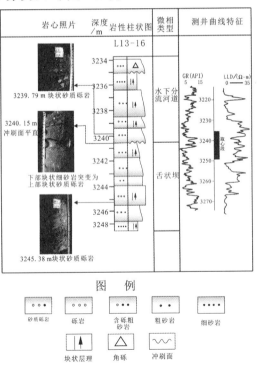

图 2.4　Ⅳ₂砂组扇三角洲前缘典型沉积微相特征

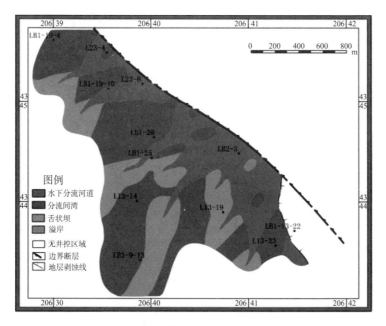

图 2.5 柳赞油田北区沙三^{3}亚段 IV_2^5 小层沉积微相平面分布图

2.3 野外露头研究区地质概况

为了弥补岩心、测井等井下资料的局限性，本书以滦平盆地的扇三角洲野外露头剖面为基础，进行了高频层序划分和高频层序界面的形成机理研究。

1. 盆地演化特征

盆地基底为新太古代变质岩以及元古宙侵入岩，进入中生代以后才开始形成盆地接受沉积，中晚侏罗世—早白垩世为盆地主要沉积时期，早白垩世沉积时期经历了盆地的第三期裂陷发育期，湖盆面积扩张到最大，形成了冲积扇—扇三角洲—湖泊沉积体系，该时期形成的西瓜园组露头在盆地内部出露广泛。

　　中侏罗世—早白垩世盆地充填了巨厚的陆相碎屑沉积，以红色和杂色碎屑岩及中性和酸性火山岩共生为特征，可划分为5个组，分属于3个构造演化阶段（图2.6）。早白垩世西瓜园组沉积期，滦平盆地经历了完整的裂陷演化阶段：初始裂陷期、深陷扩张期及抬升收缩期，从而形成一套完整的断陷湖盆充填序列[47]。岩性主要为砾岩、砂岩、粉砂岩以及部分泥岩、页岩和泥灰岩。扇三角洲砂体以岩屑长石砂岩及长石岩屑砂岩为主，占95%，其余全部为长石石英砂岩。

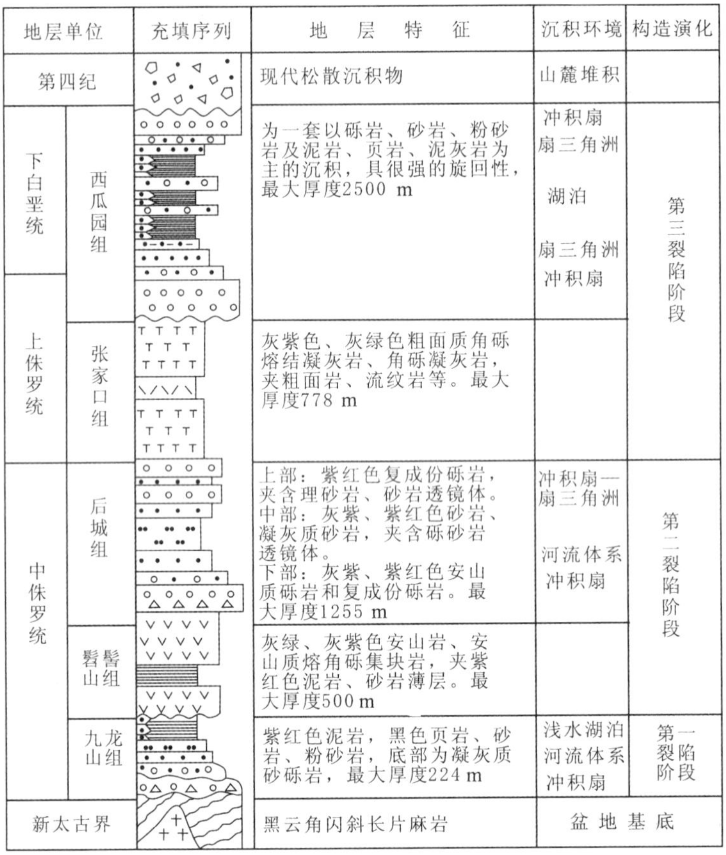

地层单位		充填序列	地 层 特 征	沉积环境	构造演化
第四纪			现代松散沉积物	山麓堆积	
下白垩统	西瓜园组		为一套以砾岩、砂岩、粉砂岩及泥岩、页岩、泥灰岩为主的沉积，其很强的旋回性，最大厚度2500 m	冲积扇 扇三角洲 湖泊 扇三角洲 冲积扇	第三裂陷阶段
上侏罗统	张家口组		灰紫色、灰绿色粗面质角砾熔结凝灰岩、角砾凝灰岩，夹粗面岩、流纹岩等。最大厚度778 m		
中侏罗统	后城组		上部：紫红色复成份砾岩，夹含理砂岩、砂岩透镜体。中部：灰紫、紫红色砂岩、凝灰质砂岩，夹含砾砂岩透镜体。下部：灰紫、紫红色安山质砾岩和复成份砾岩。最大厚度1255 m	冲积扇—扇三角洲 河流体系 冲积扇	第二裂陷阶段
	髻髻山组		灰绿、灰紫色安山岩、安山质熔角砾集块岩，夹紫红色泥岩、砂岩薄层。最大厚度500 m		
	九龙山组		紫红色泥岩，黑色页岩、砂岩、粉砂岩，底部为凝灰质砂砾岩，最大厚度224 m	浅水湖泊 河流体系 冲积扇	第一裂陷阶段
新太古界			黑云角闪斜长片麻岩	盆地基底	

图 2.6　滦平盆地构造演化及充填序列[47]

2．岩相特征

研究区岩相类型丰富，在扇三角洲平原主要发育块状砾岩相和各种具有牵引流构造的砂砾岩相，扇三角洲前缘以砂砾岩相、砂岩相和粉砂岩相为主，前扇三角洲以粉砂岩相、泥岩相和少量砂砾岩相为主。

3．沉积相特征

扇三角洲平原主要包括辫状水道和泥石流沉积。扇三角洲前缘包括水下分流河道、河口坝及席状砂沉积。前扇三角洲包括少量来自扇三角洲前缘的席状砂沉积、浅水湖泊泥质沉积以及滑塌沉积[48-51]。在滦平盆地长轴两端和短轴两侧，扇三角洲的微相特征有很大的差异（图 2.7）。在长轴缓坡带，扇三角洲平原砾质河道与前缘砂质河道的分野很明显，在短轴陡坡带的差异则不明显。在短轴陡坡带河口坝的规模较大，厚度可达 11.5 m，由多个正韵律组成复合反韵律。在长轴缓坡带河口坝的特征类似于曲流河三角洲的河口坝，其厚度较薄，多在 2～3 m，反旋回特征明显。

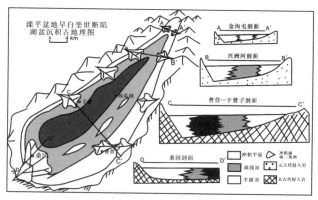

图 2.7　滦平盆地早白垩世断陷湖盆沉积古地理图

第 3 章　高频层序界面特征

3.1　高频层序单元的级次划分方案

对储层单元进行精细的层次划分是建立高精度等时地层格架的基础。不同的学者依据不同的理论基础对储层单元的划分提出了多种方案，其间虽有相同之处，但也存在着一定的差异性，特别是应用建筑结构分析法划分的地层层次与经典层序地层学、高分辨率层序地层学划分的层次存在不同程度的冲突[52]。这一冲突主要表现为：垂向上单砂体的细分不能够代表平面上成因砂体的展布。Miall 的构型分级方案中定义四级界面为单一河道的顶、底界面，而在平面上常常出现多河同期的现象，Miall 所定义的四级界面不能代替同期次发育的多条河的顶底界面。

产生这一冲突的原因在于构型要素分析理论与层序地层学理论的着眼点和分析角度不同。储层建筑结构分析法着眼于小规模地质体的几何分析，将储层砂体划分为一系列具有特定成因、几何形态及内部非均质性的构成要素，结合结构要素的相互匹配及接触关系，进行油气储层的精细划分。层序地层学理论则长于针对中尺度和大尺度的地层层序结构分析，依据基准面或者海（湖）平面变化所产生的区域性响应来对地层进行精细划分。储层建筑结构分析侧重于三维立体分析，层序地层学理论则侧重于二维平面分析。在油田开发阶段的地质工作中，一个单砂层（相当于超短期旋回或者层组）在平面上实际包含了多个砂体，而构型分析则针对其中某一个砂体进行解剖。

在砂层组和小层的分类定义上学者们观点基本相同，砂层组相当于中期旋回和准层序组，小层相当于短期旋回和准层序[53]。本书把砂层组和小层作为横向对比的基准点，在综合前人研究成果的基础上提出了扇三角洲的储层分级方案（表 3.1），单砂层相当于六级层序或者超短期旋回，在垂向上为单一成因砂体，平面上则由多个成因砂体组成。单砂层的界面由多个单一成因砂体界面拼接而成。如图 3.1 所示，相当于五级构型单元的单砂层垂向上为单一河口坝，但是平面上则由多个河口坝组成。

表 3.1　扇三角洲环境储层单元分级方案（据文献[54-57]，修改）

构型理论		层序地层学理论		油田开发地层单元	时限/y	本书采用的分级方案	
构型界面	层次实体	基准面旋回	层序				
1 级	层系		层系		10^{-5}~10^{-4}	十级层序	层系
2 级	层系组		层系组		10^{-2}~10^{-1}	九级层序	层系组
3 级	韵律层		层		10^0~10^1	八级层序	相当于成因砂体内的地层增量,如点坝侧积体、河口坝增生体。界面为大规模再作用面或增生面
4 级	河口坝、水下分流河道、辫状河道			单一成因砂体	10^2~10^3	七级层序	相当于单一成因砂体或者单一微相,如单一河口坝等。界面为沉积间歇期形成的细粒沉积
5 级	坝复合体、水下分流河道复合体、辫状河道复合体	超短期旋回	层组	单砂层	10^3~10^4	六级层序	垂向上为单一成因砂体,平面上则由多个成因砂体组成。界面相当于大型沉积底型的顶底界面,表现为小型河道的底冲刷面,或前积层的顶面
6 级	扇三角洲体	短期旋回	准层序	小层	10^4~10^5	五级层序	相当于一次性扇三角洲由发育至消亡整个过程的沉积体,界面表现为相对稳定的隔、夹层或冲刷面
7 级	扇三角洲复合体	中期旋回	准层序组	砂层组	10^5~10^6	四级层序	相当于一组相互之间有联系的大型扇三角洲复合体。顶部以稳定分布的河流泛滥泥岩或湖泛面为界,底部为冲刷面或滞留沉积
8 级	盆地充填复合体	长期旋回	层序	油组	10^6~10^7	三级层序	盆地充填复合体

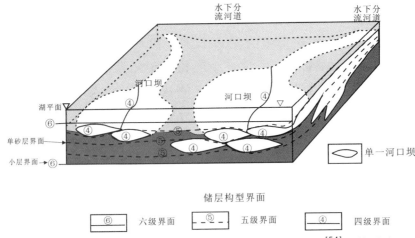

储层构型界面

| ⑥ | 六级界面 | ⑤ | 五级界面 | ④ | 四级界面 |

图 3.1   河口坝储层单元级次划分模式图（据文献[54]，修改）

七级层序相当于单一成因砂体，分布范围仅局限于沉积体系内部。八级层序、九级层序和十级层序分别相当于 Van Wagoner 的层、层系组和层系，这三个级次与储层构型理论的三级构型单元、二级构型单元和一级构型单元相当。这一分级方案基本符合 Miall 提出的构型界面识别原则，即"较小级别的界面在横向上可改变其级别"。

3.2   高频层序单元的识别

3.2.1   五级层序单元的识别

高频层序是由高频基准面变化所产生的有成因相关的地层序列。一个完整的五级层序由沉积体系规模的基准面上升期沉积和下降期沉积组成的地层序列[58]，分界线相当于基准面上升至下降的转换面，或者下降至上升的转换面。前者是洪泛面，后者是层序界面。识别五级层序单元的关键就是识别层序界面和洪泛面。

1. 层序界面的识别

基准面下降到最低位置时，A/S 比值趋于最小，由此带来了多种沉积响应，层序界面的表现形式也多种多样，可据此对层序界面进行识别。研究区内层序界面主要有以下三种表现形式。

1）冲刷面

五级层序界面常表现为较大规模的侵蚀冲刷面。在扇三角洲平原环境，冲刷面之上多期槽流或辫状河道沉积具有互相叠置的特征。冲刷面之上多期辫状河道呈现退积叠置样式，河道规模逐渐减小，冲刷面之下辫状河道则呈进积叠加样式，河道规模向上逐渐减小。在扇三角洲前缘，五级层序界面之上水下分流河道同样显示退积叠置样式，在复合河道底部可见冲刷面呈现略微下凸的形态（图 3.2），对其下部的分流间湾沉积有一定的改造作用。

图 3.2　扇三角洲前缘河道冲刷面及洪泛泥岩（滦平盆地桑园剖面）

2）岩性界面

岩性界面形成于较高 A/S 比值条件下，层序界面上下表现为整合接触。界面之下为反映水体向上变浅的岩性组合，界面之上为反映水体向上变深的岩性组合。岩性界面具有两种表现形式：

（1）扇三角洲平原洪泛沉积或扇三角洲远端前缘沉积区可容空间较大，沉积物供应量相对较小，复合河道底部的冲刷作用很弱，与下伏地层之间的界面多表现为岩性突变面。

（2）片流复合体底部的岩性突变界面（图3.3）。片流沉积区的A/S比值较高，界面之上多期片流呈退积叠加样式，界面之下多期片流呈进积叠加样式。为了后文论述时便于区分这两种表现形式，将河道底部的岩性界面统称为弱冲刷面。

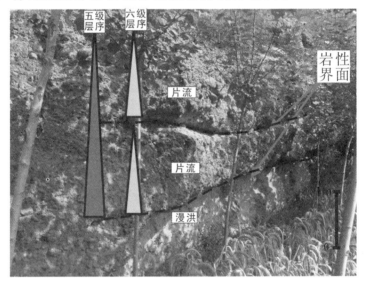

图3.3 片流底部岩性界面（滦平盆地岑沟桥剖面）

（3）间歇暴露面。

间歇暴露面是层序界面的主要表现形式之一，主要分布于扇三角洲平原河道外侧的漫洪沉积，表现为泥岩底部的根土层或者暗色泥岩与暴露过泥岩之间的转换面。该类型界面在克下组主要表现为"五彩泥岩"中的颜色变化面（图3.4）。由于基准面的频繁变化，同时沉积物供应很弱，导致泥岩的沉积环境在氧化环境和还原环境之间不断发生转换，从而形成了高频的间歇暴露面。

图 3.4　扇三角洲平原间歇暴露面（深底沟露头剖面）

2．洪泛面的识别

洪泛面是基准面上升达到最高点时，由洪水泛滥作用形成的弱补偿或欠补偿沉积界面。地层剖面上表现为退积式沉积组合折向加积和进积式组合的转换面。受控于 A/S 比值的不断变化，洪泛面可以出现在五级层序的底部、顶部以及中部，或者与层序顶、底界面重合。

在扇三角洲平原环境下，洪泛面多为具有一定厚度和分布范围的漫洪细粒沉积。在槽流和片流沉积区，进积作用十分强烈，可容空间相对较小，可导致基准面下降期沉积物甚至基准面上升晚期沉积物无法保存，漫洪沉积被侵蚀作用殆尽或者仅保留很少的部分。在辫状河道沉积区，随着可容空间逐渐增大，沉积物供应减弱，洪泛面可以出现在层序顶部和中部。而在扇三角洲前缘环境下，洪泛面表现为稳定分布的湖相泥岩。在水下分流河道与河口坝过渡地带，洪泛面常出现于五级层序的中部（图 3.2）；而在远离物源的前扇三角洲，上升半旋回期间一般处于饥饿状态，洪泛面一般位于层序的底部，常常表现为洪泛面期形成的暗色湖相泥岩。

3.2.2 六级层序单元的识别

六级层序的沉积过程主要是沉积体系内部的"自旋回"作用的产物，反映单一微相的形成与发育。六级层序界面的表现形式与单一成因微相的自身属性有关。扇三角洲环境六级层序界面有以下三种表现形式：冲刷面、岩性界面和泥质披盖。扇三角洲体系的槽流、辫状河道、水下分流河道等微相在形成过程中，流体具有紊流性质，因此在槽流、辫状河道和水下分流河道沉积区六级层序底界面主要表现为冲刷面。片流和舌状坝微相是在高可容空间下由多期重力流加积而成的，单一舌状坝和片流微相对下伏地层基本无侵蚀作用，界面上下主要表现为岩性的突变，因此六级层序界面表现为岩性界面。扇三角洲前缘的河口坝和舌状坝微相是在湖浪和河流的相互作用下形成的，因此在河口坝和舌状坝发育部位的六级层序界面主要表现为泥质披盖或者多期舌状坝之间的岩性界面。此外，六级层序的作用范围明显小于五级层序界面，且侧向上连续性差，识别六级层序单元的工作必须在五级层序格架内结合沉积微相特征来进行。

3.3 扇三角洲高频层序单元的划分及其界面特征

依据不同类型层序界面的发育状况和界面所限定的层次实体的特征，从研究区目的层段中划分出五级和六级 2 个级次的高频层序。在扇三角洲不同的沉积相带高频层序类型多变，界面几何形态和空间展布特征也不尽相同，下面分别论述扇三角洲平原和前缘的高频层序划分及相关界面特征。

3.3.1　扇三角洲平原高频层序类型及其界面特征

本书以克拉玛依油田克下组六中区详细的钻井、岩心资料为主要依据，并结合滦平盆地西瓜园组扇三角洲露头剖面，进行高频层序划分，研究层序界面特征的变化规律。研究区内克下组相当于一个四级层序的基准面上升半旋回（图 3.5），其内部可进一步划分为四个五级层序（命名为 PS1、PS2、PS3 和 PS4），在砂体较为发育的 PS1 和 PS2 五级层序中又可进一步划分出若干六级层序。现将六级层序和五级层序的结构类型以及层序界面特征的变化规律简述如下。

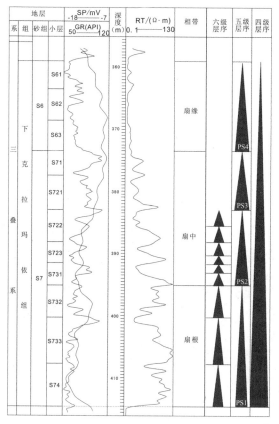

图 3.5　六中区克下组高频层序划分图（检 555 井）（据文献[59]）

1. 扇三角洲平原六级层序类型及其结构特征

在扇三角洲平原，一个六级层序代表单期槽流、片流或辫状河道的整个演化过程，内部由彼此间具成因联系的多个韵律层组成。在地层记录中，识别此类层序的工作也应该在砂砾岩体最发育的槽流、片流和辫状河道沉积区开展，而在泥质沉积为主的漫洪沉积区识别难度较大，且识别此类层序的意义不大。在沉积微相特征分析的基础上按照垂向岩性和韵律性变化，在研究区内识别出以下三种类型的六级层序。

1）不明显正韵律型（a1 型）

该类型主要发育在槽流和片流微相中。自下而上由中—粗砾岩、砂质砾岩和含砾泥岩组成。砾石直径至下向上逐渐变小，砾石所占比重减少。杂基含量向上减少。层理类型以块状层理为主，垂向韵律性不明显。

在槽流微相中，六级层序顶、底界面都为大型冲刷面，冲刷面之上发育砾石层；六级层序顶部的漫洪沉积基本无法保持。在片流微相中，层序底界面为片流底部岩性界面，界面之上砾石的直径和含量明显大于下伏地层（图 3.6）。

图 3.6　不明显正韵律型六级层序（滦平盆地兴州河剖面）

2）正韵律型（a2 型）

该类型层序多见于辫状河道微相（图 3.7）。自下而上由中—细砾岩、粗砂岩、中—细砂岩和砂质泥岩组成较为清晰的正韵律。层序下部发育块状层理，向上逐渐发育平行层理、板状交错层理和槽状交错层理等典型牵引流构造，反映了水流能量由强变弱的过程。层序界面为河道底部冲刷面，冲刷面之上常见定向排列的滞留砾石。

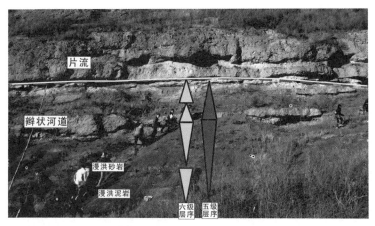

图 3.7　辫状河道与漫洪沉积区高频层序结构特征(滦平盆地岑沟桥剖面)

3）反韵律型（b1 型）

此类层序主要发育在河道外侧的漫洪沉积。自下而上的岩性构成为泥岩→砂质泥岩（含砾泥岩），可见块状层理和水平层理。该类型六级层序是由洪水期部分粒度较粗的沉积物溢出辫状河道，沉积在河道外侧的细粒沉积物之上而形成的（图 3.7）。层序界面主要表现为间歇暴露面。此类层序界面多发育在扇缘的河道外侧，在研究区十分少见。

2. 扇三角洲平原五级层序类型及其结构特征

扇三角洲平原五级层序分为向上变细的非对称型、向上变粗的非对称型和向上变细复变粗的对称型三种类型，其中向上变深的非对称型最为常见。现将其特征分述如下：

　　1）向上变细的非对称型

　　此类型在扇三角洲平原最常见，层序中仅保存基准面上升半旋回沉积记录，下降半旋回则处于侵蚀冲刷状态而具有向上变细的非对称型结构。按层序的沉积相组合特征，可分为低可容纳空间（A1 型）和高可容纳空间（A2 型）两种亚类型。

　　（1）低可容空间型（A1 型）主要形成于沉积物强烈进积，A/S 比值远小于 1 的沉积条件下，多见于槽流或片流沉积区。由多个 a1 型六级层序组成，垂向沉积构成为底冲刷面→多个互相叠置的砂砾岩体（如槽流砾岩、片流砾岩等）（图 3.8a）。层序界面为槽流底部的大型冲刷面。

　　（2）高可容空间型（A2 型）主要形成于沉积物供应较弱，A/S 比值小于 1 的沉积条件下，主要出现在辫状河道下切作用较弱的部位以及片流沉积区域，由 a1 和 a2 型六级层序组成，垂向沉积构成为底冲刷面→片流（或辫状河道砂岩）→漫洪细粒沉积（图 3.8b）。层序界面为河道底部冲刷面或片流底部岩性界面，漫洪细粒沉积常与顶部界面近于重合。

　　2）向上变粗的非对称型

　　此类型层序形成于 $A/S \leqslant 1 \rightarrow A/S < 1$ 的沉积条件下，多见于远源辫状河道沉积的外侧，主要由 2～4 个 b2 型六级层序组成向上变粗的非对称型（B1 型）五级层序。基准面上升期伴随可容纳空间的递增和沉积物供给量的减少，会出现欠补偿或无沉积现象，下降期伴随可容纳空间的递减和沉积物补给量的增加，粗粒沉积物会漫出辫状河道，叠加到周围的细粒沉积上，形成向上变粗的反旋回特征[60]（图 3.8e）。层序界面为间歇暴露面。

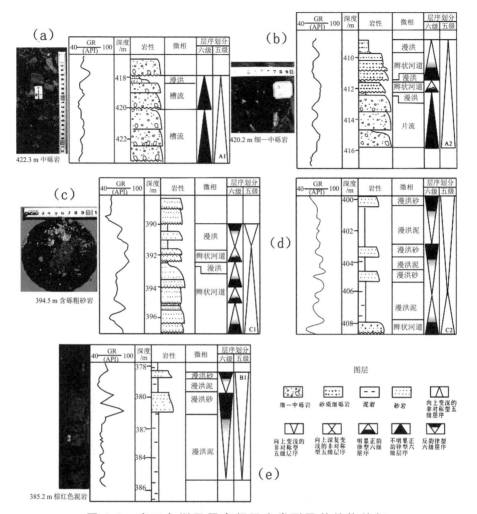

图 3.8 扇三角洲平原高频层序类型及其结构特征

（a）A1 型五级层序，由 a1 型六级层序组成；（b）A2 型五级层序，由 a1 和 a2 型六级层序组成；（c）C1 型五级层序，由 a2 和 b2 型六级层序组成；（d）C2 型五级层序，由 a2 和 b1 型六级层序组成；（e）B 型五级层序，由 b1 型六级层序组成

3）向上变细复变粗的对称型

此类型层序形成于 $A/S \geqslant 1$ 的中等—高可容纳空间条件下，多见于河道与洪泛平原交互的地区，由 a2 和 b2 型六级层序组成

（图 3.8d）。基准面上升早期河床内发育多期河道砂体，基准面下降期，岸后（或河道间）漫洪砂岩和漫洪泥岩相暗色泥岩垂向加积；等到下一期层序开始发育，河道迁移冲刷侵蚀早期层序顶部的漫洪细粒沉积，便结束了上一期层序的发育，从而形成河道砂砾岩→漫洪泥岩（或砂岩）的沉积组合。层序顶底界面为河道底部的冲刷面。可以进一步分为两种亚类型：

（1）上升半旋回厚度大于下降半旋回的不完全对称型（C1型）：多见于河道作用强烈区域，河道的频繁改道使得洪泛平原无法在较长时间垂向加积。

（2）上升半旋回厚度小于下降半旋回的不完全对称型（C2型）：多见于远离河道的洪泛平原，由于河道冲刷作用较弱，漫洪沉积厚度较大。研究区以 C1 型为主，C2 型较为少见。

3. 扇三角洲平原五级层序界面特征

五级层序界面的形成与发育主要受控于四级基准面的变化，下面依据不同类型五级层序在平面上的分布状况，并结合沉积微相展布图，分别探讨四级基准面上升期不同阶段五级层序界面的展布特征。

1）四级基准面上升早期五级层序界面特征的变化规律

四级基准面上升早期，沉积物供应强烈，可容空间相对较小，主要发育低可容空间（A1）和高可容空间（A2）向上变细的五级层序（图 3.9 和图 3.10）。在近物源的槽流和片流沉积区，五级层序底界面由槽流底部的大型冲刷面逐渐转变为片流底部的岩性界面。槽流沉积由于受古地形的限制，其底部大型冲刷面分布在近物源的古沟槽内（图 3.11a）。片流底部岩性界面分布于扇三角洲平原中部地区。

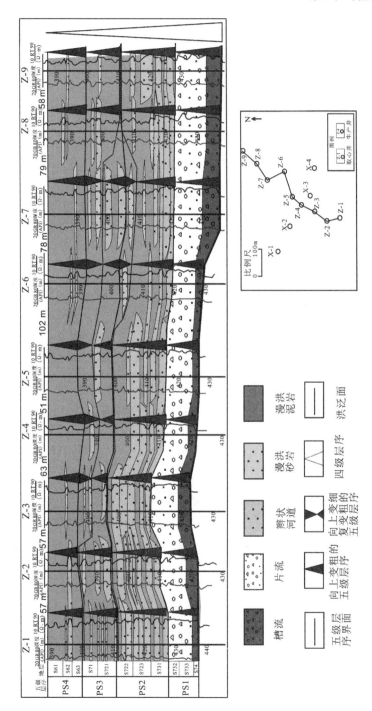

图 3.9　扇三角洲平原垂直物源方向五级层序结构剖面

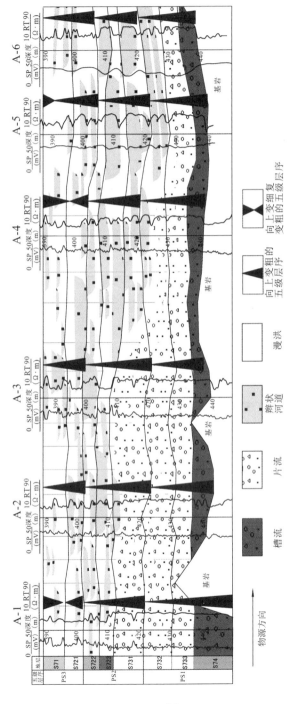

图 3.10 扇三角洲平原顺物源方向结构剖面

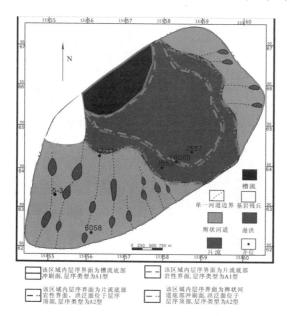

（a）四级基准面上升早期（PS1 时期）五级层序界面特征

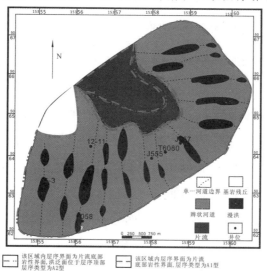

（b）四级基准面上升中期（PS2 时期）五级层序界面特征

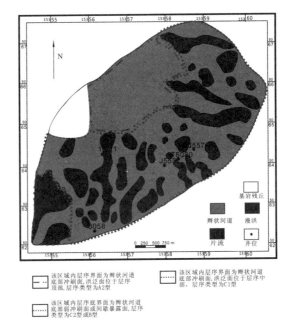

（c）四级基准面上升晚期（PS3 时期）五级层序界面特征

图 3.11　四级基准面上升时期不同阶段五级层序界面特征[①]

A2 型层序顶部的漫洪沉积难以保存，仅有少量分布在片流带的外缘。在辫状河道沉积区，层序界面表现为辫状河道底部冲刷面，洪泛期的细粒沉积与层序顶部界面近于重合。

2）四级基准面上升中期五级层序界面特征的变化规律

四级层序基准面上升中期，A/S 比值较上一阶段有所增大。五级层序类型为高可容空间向上变细（A2 型）和低可容空间向上变细（A1 型）的五级层序（图 3.9 和图 3.10）。该阶段近物源地区的槽流沉积逐渐衰退，层序界面主要为片流底部岩性界面，层序顶部的洪泛面缺失。在辫状河道沉积区，层序界面为辫状河道底部冲刷面。由于可容空间增大，层序顶部漫洪沉积在分布范

---

① 吴胜和，《克拉玛依油田六中区密集井网区储层内部构型表征》，2008 年。

围广，且侧向稳定性较好（图 3.11b）。

　　3）四级基准面上升晚期五级层序界面特征的变化规律

　　四级基准面上升晚期，A/S 比值进一步增大，主要发育以上升半旋回为主的对称型（C1 型）五级层序和高可容空间向上变细（A2 型）的五级层序。以下降半旋回为主的对称型（C2 型）和向上变粗的非对称型（B1 型）仅在远源辫状河道外侧的漫洪沉积区发育（图 3.9 和图 3.10）。在近源辫状河道沉积区，层序界面为河道底部冲刷面，洪泛面位于层序顶部，表现为漫洪细粒沉积。辫状河道的规模逐渐变小，层序界面以河道底部弱冲刷面为主，洪泛期的漫洪沉积位于层序的中上部。在远源辫状河道外侧，由于沉积物供应较弱，且物源方向不稳定，河道外侧间歇暴露面发育（图 3.11c）。

　　综上所述，在顺物源方向上，五级层序类型呈现出 A1 型→A2 型→C1 型（C2 型、B1 型）的演化过程（图 3.12）。在近物源的槽流和片流沉积区，五级层序界面主要表现为槽流底部冲刷面和片流底部岩性界面，层序顶部洪泛沉积难以保存。在辫状河道沉积区，五级层序的界面主要表现为辫状河道底部冲刷面，洪泛面与层序顶界面近于重合。随着辫状河道延伸距离增大，河道底部的冲刷作用变弱，层序界面变为弱冲刷面，洪泛面位于层序的中部；在远源辫状河道外侧发育间歇暴露面。

　　垂向上，五级层序界面的表现形式也发生相应变化：在四级基准面上升早期层序界面表现为槽流、辫状河道底部侵蚀冲刷面以及片流底部岩性界面；四级基准面上升早中期，层序界面以辫状河道底部冲刷面主；在四级基准面上升中期层序界面主要表现为小型辫状河道底部弱冲刷面；在四级基准面上升晚期层序界面为间歇暴露面和弱冲刷面（表 3.2）。

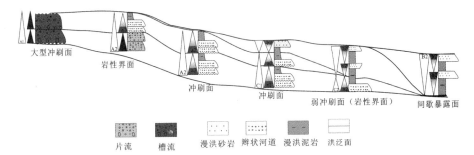

大型冲刷面　岩性界面　冲刷面　冲刷面　弱冲刷面（岩性界面）　间歇暴露面

片流　槽流　漫洪砂岩　辫状河道　漫洪泥岩　洪泛面

图 3.12　扇三角洲平原五级层序界面演化模式

表 3.2　四级基准面变化与五级层序界面类型的关系

四级基准面变化	五级层序沉积作用特征		五级层序界面类型	层序界面发育的亚相
	基准面上升期	基准面下降期		
上升早期 ↓ 上升晚期	强烈进积，顶部遭受部分剥蚀	遭受剥蚀，缺乏下降期	侵蚀冲刷面或岩性界面，洪泛面难以保存	扇根
	强烈进积，保存完整	遭受剥蚀，缺乏下降期	洪泛面与顶部冲刷面基本重合，底界面为侵蚀冲刷面	扇根、扇中
	以进积→加积为主，晚期以退积为主	缺失部分下降期沉积	侵蚀冲刷面	扇中
	沉积物供应弱	沉积物供应逐渐增强，形成反粒序	侵蚀冲刷面岩性界面	
	暴露无沉积	强烈进积，可容纳空间迅速充满	间歇暴露面岩性界面	扇缘

4．扇三角洲平原六级层序界面特征

　　单一六级层序的演化特征主要受自旋回因素控制，而在垂向上多个六级层序的叠置模式主要受控于构造、古气候等异旋回范

素导致的 *A*/*S* 比值变化。本书在研究区五级层序格架内部，进一步在砂体较为发育的 PS1 和 PS2 五级层序中划分出 9 个六级层序，下面根据冲积扇不同相带的沉积特征分别讨论六级界面的分布特征。

1）槽流和片流沉积区层序界面特征的变化规律

扇三角洲平原的近源沉积的主体为多期厚层板状砂砾岩体，实际上是洪水频繁冲刷，槽流和片流多期叠加而成[61]。六级层序类型为不明显正韵律型（a1 型），层序界面为岩性界面或冲刷面。在物源供给十分强烈的条件下，六级层序顶部的漫洪细粒沉积保存程度非常低。岩性界面或冲刷面的垂向叠加模式一般表现为以下两种形式：

（1）冲刷面高幅交错叠置：该叠加样式表现为槽流的底部冲刷面呈多层、高幅度拼接。槽流多沿古沟槽流动，其形态受古地形的限制，因此底部冲刷面在古沟槽内呈高角度的叠置形态。六级层序顶部的漫洪沉积物基本被后期槽流冲刷侵蚀殆尽（图 3.13）。这种叠加模式主要分布在主沟槽位置，形成于强物源、低可容空间条件下。

（2）岩性界面平行叠置：该类型叠加样式表现为多期片流砾石底部岩性界面相互平行叠加。片流是由洪水期碎屑流沉积漫出槽道，在部分扇面或全部扇面上大面积流动而形成的。因此，片流对下伏地层基本无冲刷作用。多期片流沉积底部岩性界面延伸较远，相互之间近似平行，受古地形的控制略向盆地方向倾斜（图 3.14）。漫洪沉积在局部冲刷作用较弱的地区有残留。这种分布模式形成于片流沉积区，其形成的可容空间与前一种模式相比有所增大。

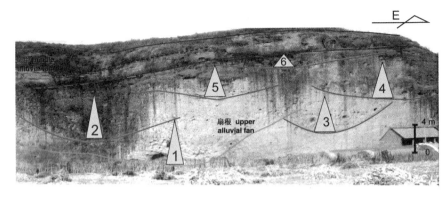

图 3.13　槽流底部冲刷面叠加样式（滦平盆地兴洲河剖面）

图 3.14　片流底部岩性界面叠置样式（滦平盆地兴洲河剖面）

2）辫状河道沉积区六级层序界面特征的变化规律

辫状河道层沉积区序类型由不明显正韵律型（a1 型）向明显正韵律型（a2 型）转变，并以后者为主。层序界面表现为河道顶部漫洪沉积和河道底部冲刷面。由于沉积物供应相对充足，可容纳空间与沉积物供给量比值较低，辫状水道分叉频繁，在垂向上和侧向上六级层序界面形成多种分布样式，主要包括以下 3 种。

（1）冲刷面低幅交错叠置：垂向上后期河道对前期河道有较强的冲刷作用，形成多层互相冲刷、切割的样式。如图 3.15 中 Z-17 井和 Z-18 井所示，砂体多层垂向切叠的情况下，六级层序顶部漫洪沉积受到后期河道作用的强烈改造，在横向上常转变为河道底部冲刷面。冲刷面呈交错叠置的形态，由于没有古地形的限制，叠置幅度较低。该样式形成于河道主体互相叠加、低 *A/S* 比值条件下。

（2）冲刷面侧向拼接：后期河道对前期河道的侧翼有明显的冲刷作用，冲刷面形成侧向叠置的样式。如图 3.15 所示，S73 小层中，Z-15 井的河道砂体对其右侧的 Z-16 井河道砂体侧缘有明显的冲刷作用，两个河道底部冲刷面互相拼接，在横向上延伸较远。多个河道的顶部漫洪沉积保存程度较高，横向上具有一定的连续性。该样式形成于河道侧翼互相叠加、中等 *A/S* 比值条件下。

（3）冲刷面孤立分布：垂向上后期河道对前期河道砂体无冲刷作用，河道之间发育较厚的漫洪沉积。平面上，一般表现为几条河道呈窄带状分布，河道底部冲刷面互相分开，河道顶部漫洪沉积的保存程度继续升高，洪泛泥岩的厚度有所增大（图 3.16）。该样式形成于高 *A/S* 比值、河道互相分隔的条件下。

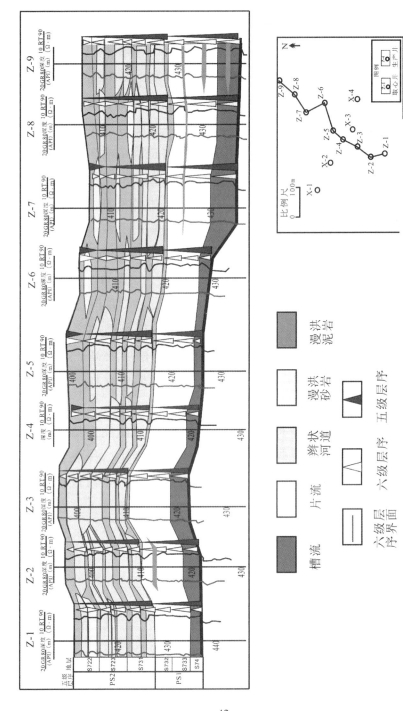

图 3.15 扇三角洲平原垂直物源方向六级层序结构剖面

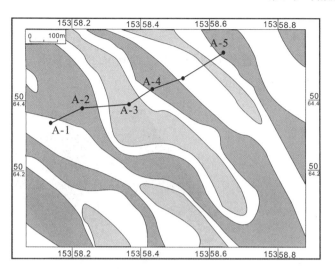

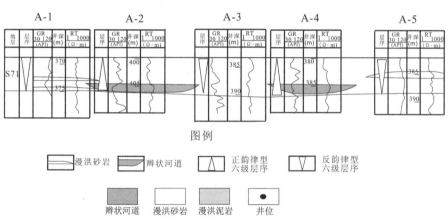

图例

漫洪砂岩　　辫状河道　　正韵律型六级层序　　反韵律型六级层序

辫状河道　　漫洪砂岩　　漫洪泥岩　　井位

图 3.16　高 *A/S* 比值条件下辫状河道沉积区及六级层序界面分布规律（据吴胜和，2008）

　　综上所述，单一六级层序界面的分布特征与沉积微相的自身沉积过程有关。在顺物源方向上，沉积作用类型由碎屑流沉积向河道沉积转变，六级层序类型由 a1 型、b1 型向 a2 型、b2 型转变。平面上六级层序界面的表现形式由槽流带冲刷面转变为片流带岩性界面，然后又转变为辫状河道沉积区的冲刷面（图 3.17）。

多期六级界面的分布样式受控于扇三角洲平原 A/S 比值的变化，A/S 比值越高砂体叠置程度就越低，冲刷面的叠置程度也随之降低，漫洪沉积的保存程度逐渐升高（图 3.18）。

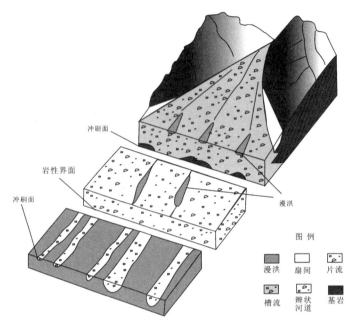

图 3.17　扇三角洲平原六级层序界面平面分布模式（据吴胜和，修改）

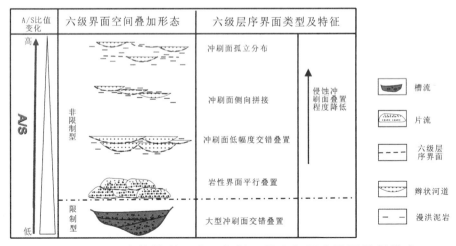

图 3.18　A/S 比值控制下扇三角洲平原六级层序界面叠置模式

3.3.2　扇三角洲前缘高频层序类型及其界面特征

依据扇三角洲前缘不同级次层序界面的发育状况和由不同级次基准面变化记录的沉积响应特征，可从柳赞油田北区沙三³亚段中划分出三级、四级、五级、六级 4 个级次的层序。其中四级层序 FS5 和 FS6 为上部三级层序 SQ2 湖侵体系域的早期沉积，四级层序 FS1、FS2、FS3 和 FS4 组成下部三级层序 SQ1 的湖退体系域，SQ1 和 SQ2 之间为不整合接触（图 3.19）。

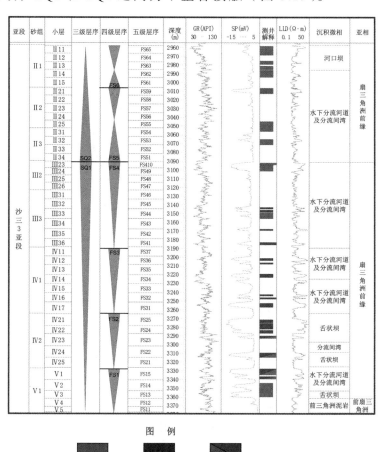

图 3.19　柳赞油田北区沙三³亚段层序地层及沉积微相分析图（L13-14 井）

各四级层序中又包含若干五级层序，其级次与小层相当。在砂体较为发育的四级层序中（如 FS2 和 FS6）可进一步划分至六级层序。现将五级层序和六级层序的结构类型和层序界面的展布特征分述如下。

1. 扇三角洲前缘六级层序类型及其界面特征

依据大量钻井、测井和岩心资料的详细分析，可将扇三角洲六级层序划分为 3 种类型。

1）正韵律型（a2 型）

该类型六级层序多见于水下分流河道环境。自下而上的岩性组成为：砾岩（或砂质砾岩）→粗砂岩→中、细砂岩→泥岩（或砂质泥岩），总体显示为较完整的正韵律。自下而上的层理类型主要为块状层理、交错层理和平行层理（图 3.20）。层序界面表现为河道底冲刷面。

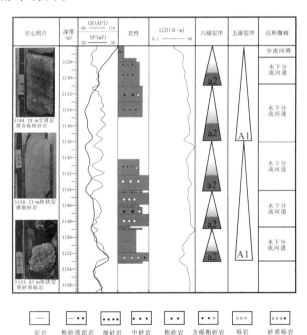

图 3.20　A1 型和 a2 型高频层序结构特征（LBJ1-10 井）

2）反韵律型（b2 型）

该类型层序有两种表现形式：① 自下而上由粉砂岩、中砂岩、粗砂岩组成粒度逐渐变粗的反韵律，测井曲线也显示为平滑的反旋回特征（图 3.21）。层序界面为代表缓慢沉积作用的泥质披盖。此类型六级层序主要发育在河口坝（或席状砂）沉积区。② 由分流间湾的泥岩、泥质粉砂岩和粉砂岩组成向上变粗的反韵律，此类型六级层序在水下分流间湾较为常见，但识别该类型六级层序意义不大。

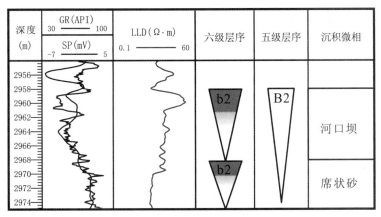

图 3.21　B2 型和 b2 型高频层序结构特征（L13-14 井）

3）不明显反韵律型（b3 型）

该类型六级层序平面上主要分布在水下分流河道的前端。自下而上的岩性构成为粗砂岩（或中、细砂岩）→砂质砾岩→砾岩，层理类型主要为块状层理，垂向上组合为不明显的反韵律。层序界面可表现为砂质砾岩与粗砂岩之间的岩性界面，也可表现为沉积间歇期形成的泥质披盖。舌状坝的上部由于沉积物供应较强也可能发育水下分流河道沉积，组合成"坝上河"复合砂体（图 3.22）。

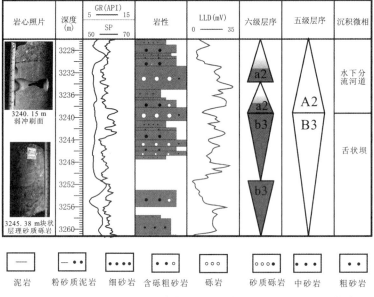

图 3.22　B3 型和 b3 型高频层序结构特征（L13-16 井）

2．扇三角洲前缘五级层序类型及其结构特征

扇三角洲前缘五级层序类型可分为向上变深的非对称型及向上变浅的非对称型和向上变深复变浅的对称型三种类型。现将其特征分述如下：

1）向上变深的非对称型

此类型五级层序在各四级层序内都有发育，平面上多见于水下分流河道沉积区。层序内部仅保存基准面上升半旋回，下降半旋回则处于侵蚀冲刷状态而使沉积物无法保存。根据岩相组合保存程度，可进一步划分为低可容空间型（A1 型）和高可容空间型（A2 型）两种亚类型。

（1）低可容空间型（A1 型）多见于近河口部位，形成于物源供应特别充分、可容空间较小的条件下。由 2～4 个正韵律型（a2 型）六级层序组成。垂向沉积构成表现为：底部为冲刷面，下部由互相叠置的水下分流河道组成，单个河道砂体由交错层理含砾粗砂岩、块状层理粗砂岩组成，单期河道之间呈冲刷接触关系（图 3.19）；河道上部的细粒沉积则被后期河道改道的冲刷作用带走，保存较少。自然伽马和深侧向曲线呈齿化钟型。

　　（2）高可容纳空间型（A2 型）主要分布在远离河口的部位，形成于基准面较大幅度上升引起的可容纳空间递增、沉积物供给量逐渐减小的条件下，由 2～4 个正韵律型（a2 型）六级层序组成。层序底部为小规模的冲刷面、中部由块状层理粗砂岩和含砾粗砂岩构成河道主体部分，顶部发育厚层分流间湾的细粒物质（图 3.23）。自然伽马和深侧向曲线组合形态呈指状或尖峰状。

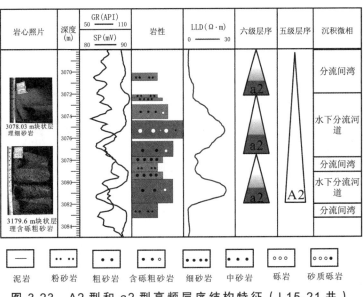

图 3.23　A2 型和 a2 型高频层序结构特征（L15-21 井）

　　低可容空间型五级层序的顶底界面都表现为河道底部的冲刷面；高可容空间型五级层序界面表现为冲刷面，洪泛面与层序顶部界面近于重合。

　　2）向上变深复变浅的对称型

　　该类型层序对基准面上升和下降半旋回的沉积记录都有保

存，形成于沉积物进积作用还不是太强，可容空间也较大的条件下，因此基准面上升和下降时期形成的沉积记录都保存得比较完整。但由于沉积位置不同，河、湖水能量差异， 沉积微相的构成有特征差异[39]，可以具体细分为两种亚类型：

（1）以上升半旋回为主的对称型（C1型）。主要分布在水下分流河道沉积区，主要由 a2 和 b2 型六级层序组成。基准面上升期，由于河水能量较强，形成多期互相冲刷叠置的河道砂砾岩体，冲刷面之上发育泥砾岩（图 3.24）。基准面下降期以河道外侧分流间湾或水下溢岸的垂向加积为主。但是由于水下分流河道的频繁分叉改道，河道外侧垂向加积的湖相泥岩中常夹有小规模的分支河道。当基准面停止下降，下一期的分流河道开始发育，从而形成上升半旋回明显大于下降半旋回的不完全对称旋回。层序顶界面和底界面都为河道底部的冲刷面。

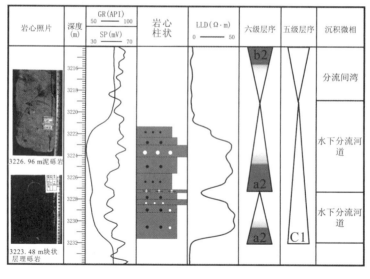

图 3.24　以上升半旋回为主的对称型（C1型）五级层序（LBJ1-24）

（2）以下降半旋回为主的对称型（C2 型）。该类型层序多见于 FS6 的基准面下降期沉积，主要发育在水下分流河道与河口坝的交互沉积区，由 a2 和 b2 型六级层序组成。基准面上升期，由于水下分流河道的供源能力不足，上升半旋回欠发育，发育小型水下分流河道→薄层分流间湾沉积组合；基准面下降期沉积物供应较充分，发育厚层分流间湾→席状砂→河口坝沉积组合，形成上升半旋回明显小于下降半旋回的不完全对称旋回类型（图3.25）。层序底界面为河道冲刷面，顶界面为洪泛面；该类型层序也可能受到后期河道的冲刷作用，因此顶界面也可能为河口坝与上部河道之间的冲刷面。

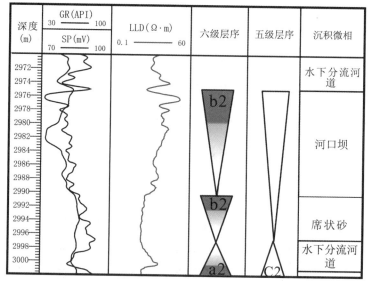

图 3.25　以下降半旋回为主的对称型（C2 型）（L1-13-13 井）

3）向上变浅的非对称型

该类旋回多见于四级层序 FS1、FS2 和 FS6 中，主要发育在扇三角洲前缘的河口坝、席状砂沉积区。层序内部仅发育基准面下降半旋回沉积记录，上升半旋回则表现为无沉积作用面。研究区内向上变浅的非对称型层序较为发育，并且有两种表现形式：缓坡型（B2型）和陡坡型（B3型）。

（1）缓坡型（B2型）五级层序主要发育在四级层序FS6中，层序主体部分由1~2个b2型六级层序组成，该类型层序垂向沉积构成表现为欠补偿沉积间断面→分流间湾泥岩→席状砂→薄层河口坝的组合，形成向上变浅和粒度逐渐加粗的层序（图3.21）。在湖水动荡或者河流能量不稳定的情况下，层序上部砂体中常夹有薄层的泥岩。由于常常遭受后期河道的冲刷作用，因此层序顶界面可以是下一期河道底部冲刷面，也可以是洪泛面；层序底界面一般都是代表无沉积作用的洪泛面。

（2）陡坡型（B3型）五级层序主要发育在四级层序FS2中，由2~4个不明显的反韵律型（b3型）六级层序组合而成。垂向沉积构成为沉积间断面→分流间湾泥岩→多期舌状坝砂体（图3.22）。在沉积物不断进积的条件下，后一期舌状坝或水下分流河道叠加在前一期舌状坝之上，从而形成厚度大、粒度粗的复合式坝砂体，因此层序顶界面可能为河道底部冲刷面或洪泛面。

3. 扇三角洲前缘五级层序界面特征

扇三角洲前缘五级层序界面的形成与发育主要受控于不同古地形条件下四级层序基准面的变化。在四级基准面升降的不同阶段，五级层序的结构特征、层序界面的类型与展布特征都呈现出有规律的变化。本节以不同地形条件下的四级层序为例，通过对不同结构类型的五级层序的分布状况进行统计，结合沉积微相特征，分析五级层序界面特征的变化规律。

1）陡坡环境五级层序界面特征的变化规律

研究区（柳赞油田北区）SQ1沉积期地形较陡，沉积物的供应较强，主要发育进积型四级层序。在四级基准面不断下降的过程中，五级层序界面特征在平面和垂向上都呈现规律性变化。下面以四级层序 FS2 为例具体分析。

FS2 形成于 SQ1 湖退体系域的晚期阶段，其内部可进一步划分出 5 个五级层序（自下而上命名为 FS21 - FS25）。

顺物源方向上，近物源的水下分流河道沉积区主要以河道底部冲刷面为层序界面，尤其是在 A1 和 A2 型层序发育区，冲刷面的分布范围广泛，河道顶部的洪泛期沉积通常保存较少，或者完全被侵蚀，使得洪泛面与层序顶部界面近于重合。在水下分流河道沉积区离物源较远离的一侧，可容空间逐渐增大，C1 型层序开始发育，层序界面为河道底部弱冲刷面，洪泛面逐渐由层序顶部移动至层序中上部。在河道与舌状坝的交互沉积区，主要发育 C1 型和 B3 型五级层序。在河水与湖水的相互作用下，该区域内层序界面主要表现为河道底部冲刷面和洪泛期形成的湖相泥岩。在舌状坝沉积区，洪泛面由层序中上部移动至层序底部，表现为欠补偿沉积背景下形成的湖相泥岩（图 3.26）。

垂向上，在四级基准面由上升转为下降的过程中，作为五级层序界面识别标志的冲刷面的发育规模越来越大，而洪泛泥岩的分布范围越来越小。如图 3.27 所示 FS2 早期至中期阶段（FS21、FS22），河道底部冲刷面主要在柏各庄断层附近分布，范围较小；而洪泛泥岩在研究区的中部及南部地区广泛发育，剖面上可见，FS21 和 FS22 五级层序底部洪泛泥岩的厚度大，且侧向连续性好；FS2 中期（FS23、FS24）由于沉积物供应的增强，河道底部冲刷面规模也逐渐变大。河道前端发育大规模的舌状坝沉积，在坝体之间洪泛泥岩的厚度减小，侧向上不稳定。至 FS2 晚期阶段（FS25）沉积物供应继续增强，河道继续向前延伸，舌状坝被推进到研究区的南部边缘，这也使得 B3 型层序底部洪泛泥岩的分布范围减小，厚度变薄。顺物源方向的层序格架剖面显示，洪泛泥岩以两期坝体之间的细粒夹层的形式存在。

扇三角洲高频层序界面的形成机理及地层对比模式

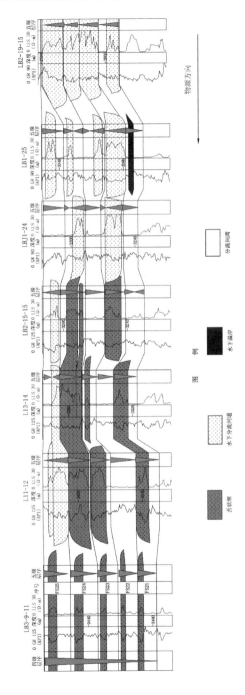

图 3.26　柳赞油田北区扇三角洲前缘顺物源方向五级层序结构剖面（FS21—FS25）

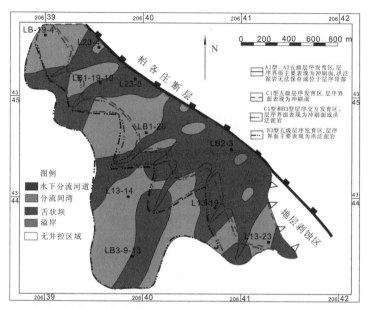

（a）柳赞油田北区 FS21 沉积期五级层序界面特征

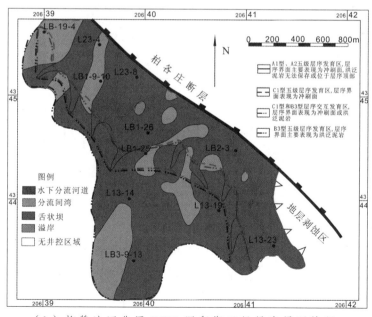

（b）柳赞油田北区 FS23 沉积期五级层序界面特征

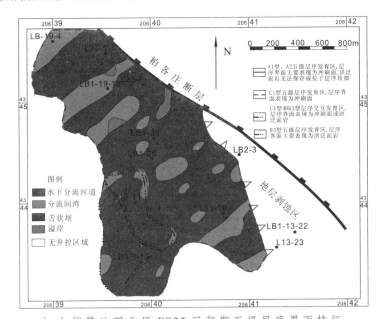

（c）柳赞油田北区 FS25 沉积期五级层序界面特征

图 3.27　陡坡环境五级层序界面特征的变化规律

2）缓坡环境五级层序界面特征的变化规律

SQ2 沉积期地形较缓，湖盆变得宽而浅，沉积物供应变弱，主要发育进积 - 退积复合型四级层序（图 3.28）。下面以四级层序 FS6 为例具体分析五级层序界面特征的变化规律。

四级层序 FS6 形成于 SQ2 湖侵体系域的早期，其内部可进一步划分为 4 个五级层序（FS61 - FS64），该时期沉积物供应与 FS2 相比明显变弱，砂体厚度较薄，泥质含量大大增加。在四级基准面上升至下降的过程中，五级层序界面的空间展布特征如下：

如图 3.29 所示，FS6 早期（FS61），研究区内主要发育低可容空间向上变深的非对称型（A1 型）、高可容空间向上变深的非对称型（A2 型）和以上升半旋回为主的非对称型五级层序（C1 型）。层序界面主要表现为河道底部冲刷面。

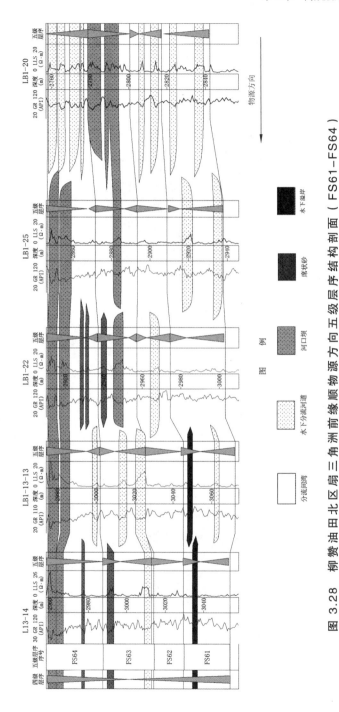

图 3.28　柳赞油田北区扇三角洲前缘顺源方向五级层序结构剖面（FS61-FS64）

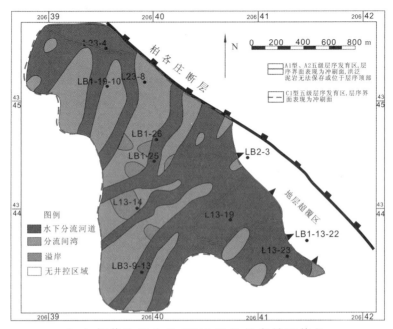

（a）柳赞油田北区 FS61 五级层序界面特征

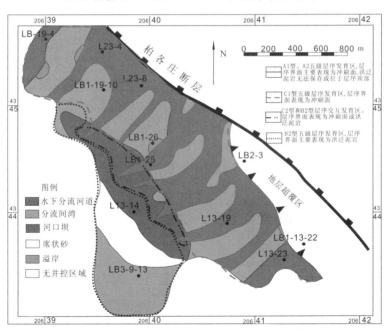

（b）柳赞油田北区 FS62 五级层序界面特征

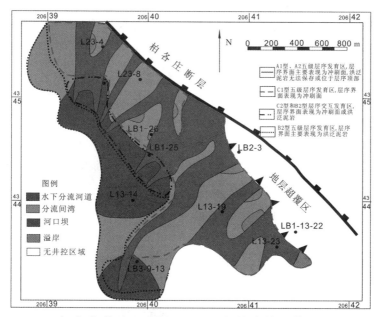

（c）柳赞油田北区 FS63 五级层序界面特征

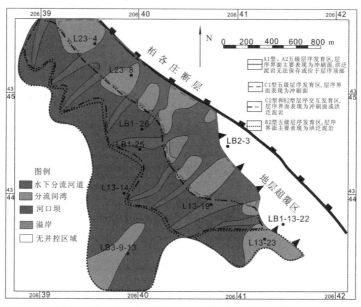

（d）柳赞油田北区 FS64 五级层序界面特征

图 3.29　缓坡环境五级层序界面特征的变化规律

FS6 早期至中期（FS61、FS62），随着基准面的不断上升，以下降半旋回为主的对称型（C2 型）和向上变浅的非对称型（B2 型）五级层序逐渐发育。在研究区北部，A1 型层序界面主要表现为河道底部冲刷面，洪泛面在 A1 型层序中缺失；随着层序类型由 A1 型转变为 A2 型和 C1 型，洪泛面位于五级层序中上部。FS62 沉积期，在研究区南部，水下分流河道演化为河口坝和席状砂沉积，层序界面主要表现为洪泛期形成的厚层湖相泥岩，其分布范围较为广泛，侧向连续性好。

FS6 中晚期至晚期阶段（FS63、FS64），四级基准面由上升转为下降，研究区内河口坝分布面积逐渐增大，水体变浅。B1 型层序遍布研究区中部及南部地区，洪泛泥岩的分布范围仍然相当广泛。

综上所述，四级层序内部五级层序的结构类型和界面特征的变化规律都受控于不同地形条件下的四级基准面的变化。平面上看，五级层序界面的表现形式由水下分流河道沉积区的冲刷面转变为舌状坝或河口坝沉积区的洪泛泥岩。在缓坡条件下，河道冲刷面在切物源方向分布范围窄，在顺物源方向延伸距离远；洪泛泥岩的侧向稳定性好，延伸范围广。陡坡条件下，河道冲刷面在切物源方向大规模大，在顺物源方向延伸距离较短；洪泛泥岩的侧向稳定性较差（图 3.30）。垂向上看，陡坡环境下，随着四级基准面的不断下降，冲刷面的规模逐渐增大，洪泛泥岩发育范围逐渐减小。在缓坡环境下，四级基准面上升早期，五级层序界面的表现形式以冲刷面为主；随后，四级基准面不断上升，洪泛泥岩的发育范围变广，厚度变大，水下分流河道延伸距离变短；至四级基准面下降期，随着四级基准面不断下降，沉积物供应增强，河口坝大面积发育，水体变浅，但是洪泛泥岩仍然保持较广泛的发育范围，并且侧向上厚度变化不大。

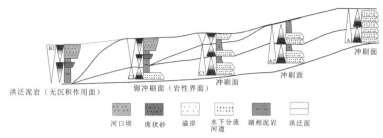

（a）扇三角洲前缘缓坡条件下五级层序界面演化模式

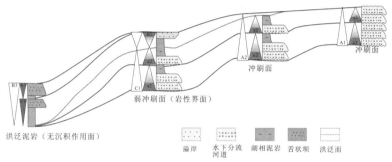

（b）扇三角洲前缘陡坡条件下五级层序界面演化模式

图 3.30　扇三角洲前缘五级层序界面演化模式

4. 扇三角洲前缘六级层序界面特征

扇三角洲前缘的六级层序界面主要为水下分流河道沉积区的冲刷面、河口坝和舌状坝沉积区的泥质披盖。六级层序界面的展布特征与沉积微相的自身属性密切相关。本节以柳赞油田北区 FS2 和 FS6 四级层序为例，详细分析不同沉积相带六级界面的空间展布特征。

1）水下分流河道沉积区六级层序界面特征

水下分流河道沉积区六级层序界面特征的变化规律与平原辫状河道相似，也可以概括为三种形式：① 冲刷面交错叠置（图 3.31a）；② 冲刷面侧向拼接（图 3.31b）；③ 冲刷面孤立分布。FS2 沉积早期，物源供应较弱，水下分流河道叠置程度较低，层序界面主要表现为第二种分布形式。在 FS2 的中期至晚期阶段，物源供应不断增强，水下分流河道互相切叠，层序界面主要表现为第一种分布形式。FS6 时期主要表现为后两种分布形式（图 3.28）。

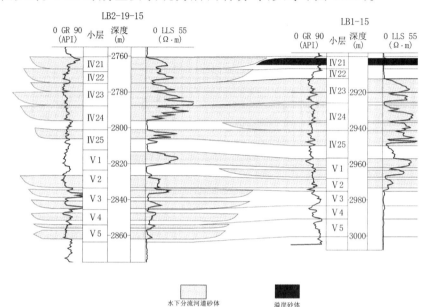

（a）多期冲刷面交错叠置

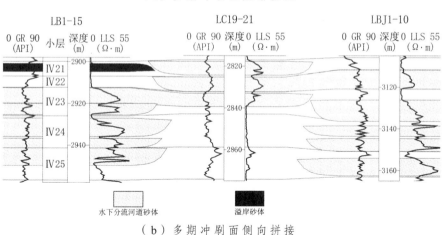

（b）多期冲刷面侧向拼接

图 3.31　扇三角洲前缘冲刷面叠置方式

2）舌状坝沉积区六级界面分布特征

FS2 沉积早期，沉积物供应较弱，可容空间相对较大，舌状坝呈孤立分布的形态，舌状坝顶底的洪泛泥岩厚度较大，且在平面上连片分布（图 3.32）。

FS2 中期至晚期，舌状坝呈多层堆积的叠置形态。六级层序界面的分布样式在顺物源方向上表现为多层泥质披盖呈斜列式叠置，并向湖心方向倾斜，界面横向延伸长度较大，基本覆盖下伏的单一坝砂体。舌状坝之间的六级界面表现为泥质披盖，其厚度较大，平面上连片分布（图 3.32）。切物源方向上，舌状坝沉积区多层泥质披盖呈发散式叠置的空间形态。在坝主体互相叠加的部位泥质披盖较薄，或者不发育，两期坝砂体之间为岩性界面，常常是细砂岩与砾岩直接接触；在坝侧翼互相叠加的部位，泥质披盖厚度增大，并与滨、浅湖相泥岩相接（图 3.33）。因此在切物源的剖面上，多层泥质披盖向坝主体叠加的部位不断收敛、合并，而不断转变为岩性界面；向坝侧翼叠加的部位发散，泥质披盖层数增多。

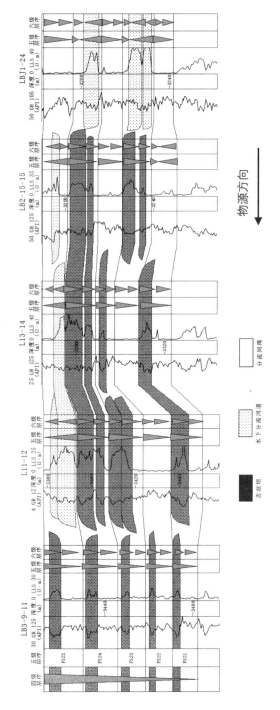

图 3.32　舌状坝沉积区顺物源方向六级层序结构剖面

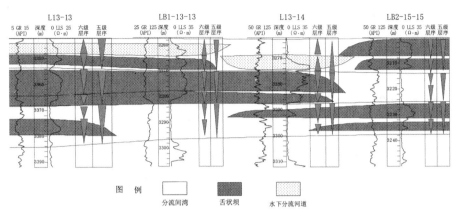

图 3.33　舌状坝沉积区切物源方向六级层序结构剖面

张春生等[62]通过沉积模拟实验再现了此类舌状砂体的形成过程，最终的实验结果也显示出此类复合砂体包含多期单砂体，在砂体叠加程度较高的部位发育岩性界面，泥质披盖呈发散式的空间分布特征（图 3.34）。

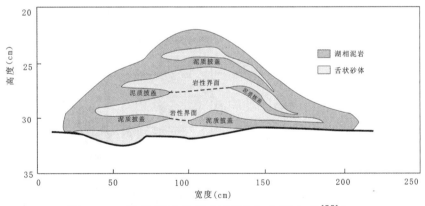

图 3.34　舌状坝砂体横剖面形态（据文献[55]）

3）河口坝沉积区六级界面分布特征

河口坝主要发育在四级层序 FS6 的基准面下降期，河口坝沉积区六级层序界面多表现为泥质披盖，由于该时期地形较缓，湖浪作用较强，因此泥质披盖横向上厚度变化不大，平面上呈连片分布的形态（图 3.35）。

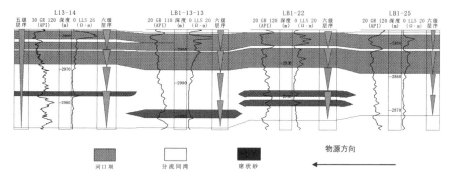

图 3.35　河口坝沉积区顺物源方向六级层序结构剖面

　　综上所述，研究区单一六级层序在顺物源方向上由 a2 型向 b2、b3 型转变；单一六级层序界面由水下分流河道底部冲刷面逐渐演化为河口坝或舌状坝底部泥质披盖（图 3.36，图 3.37）。多期六级层序界面的空间展布特征受控于不同地形条件下的 A/S 比值变化：在陡坡背景下，A/S 比值越低，舌状坝砂体或河道砂体的空间叠置程度就越高，坝砂体之间的岩性界面发育，而泥质披盖的保存程度就越低；在缓坡背景下，A/S 比值降低会导致砂体的侧向拼接程度升高，但并不会对泥质披盖的侧向稳定性造成较大的影响（图 3.38）。

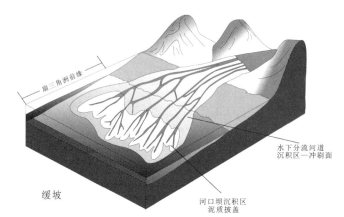

图 3.36　缓坡条件下扇三角洲前缘六级层序界面分布模式[①]

---

① 吴胜和，纪友亮，《柳赞油田沙三 2+3 储层精细描述》，2008 年。

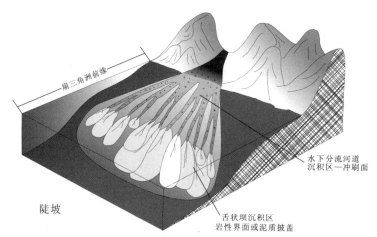

图 3.37　陡坡条件下扇三角洲前缘六级层序界面分布模式（据吴胜和，纪友亮，2008）

四级层序	基准面升降	六级层序界面分布模式		
FS6		泥质披盖连片分布		冲刷面侧向拼接
		泥质披盖连片分布		冲刷面孤立分布
				冲刷面侧向拼接
FS2		泥质披盖发散式分布		冲刷面低幅度交错叠置
		泥质披盖连片分布		冲刷面侧向拼接

　　水下分流河道　　舌状坝　　湖相泥岩　　冲刷面　　泥质披盖　　岩性界面

图 3.38　扇三角洲前缘六级层序界面叠置模式

第4章 扇三角洲环境高频层序界面形成机理

地层中的韵律性或旋回性层序可有两种不同的形成机制，即异旋回和自旋回。也有学者认为异旋回因素和自旋回因素分别相当于沉积过程中的外因和内因。异旋回是指由各种外部因素所引起的地层旋回性记录，包括构造运动、全球海平面变化、气候的周期性变化、天体运行的周期性等多种因素都可引起地层中的异旋回沉积记录[19, 63-68]，沉积物供给量和可容纳空间增加量的比值就是这些因素的综合体现。自旋回是指主要由沉积体系内在沉积过程所控制的沉积旋回，这种沉积过程相对而言常局限于盆地内部或沉积体系的某一部分，分布区域相对较小。自旋回过程主要受控于水动力条件、河流负载能力等内在因素的变化。

异旋回因素主要控制多个单一成因砂体（相当于六级层序）的组合样式，而单一成因砂体的形成相当于一个自旋回过程。五级层序内部由多个单一成因砂体构成，五级层序界面也是由多个六级层序界面拼接而成，因此，相对而言，五级层序界面的形成过程中异旋回的控制作用较为突出，六级界面的形成过程中自旋回的控制作用更为显著。下面分别阐述控制扇三角洲高频层序界面形成的这两种机制。

4.1 异旋回机制

陆相盆地沉积作用主要受构造活动、湖平面变化、沉积物供给和气候 4 个因素的控制[69],其中构造活动和气候变化是扇三角洲高频层序界面形成与发育的决定性因素。

4.1.1　构造活动

构造活动是控制高频层序的主要异旋回因素之一,在不同的沉积环境下,高频构造活动的驱动机制有明显的差异性。因此依据研究区的构造背景和扇三角洲的发育状况,分别探讨扇三角洲平原环境和前缘环境下,构造活动对五级层序界面形成与发育的控制作用。

1. 构造活动对扇三角洲平原环境五级层序界面的控制

扇三角洲平原的主体部分实际相当于冲积扇。片流和辫状河道沉积是扇三角洲平原上的两种主要的沉积作用类型。构造活动对扇三角洲平原高频层序界面的控制作用主要表现为:构造活动首先控制了四级层序中沉积基准面变化,而四级基准面的变化又会影响片流和辫状河的发育,并最终控制五级层序界面的发育程度。

扇三角洲平原环境沉积基准面变化主要取决于汇水流域河流的出山口位置与山前沉积区的地表高差[70]。图中 A1 点为流域河流出山口,B1C1 构成扇三角洲平原的沉积底面,S1 为供沉积物堆积的潜在可容空间。当陡崖或山地上升时,河流出山口从 A1 点上升到了 A2 点,这样在新的河流出山口 A2 与原来的沉积物顶面之间出现了高差,增大了可供沉积物堆积的垂向空间,为片流沉积物的垂向加积提供了有利条件;当沉积区快速沉降时,扇三角洲平原的沉积底面由 B1C1 转变为 B2C2,同样增大了可容空间，也有利于片流的垂向加积。需要进一步讨论的是，附加考虑沉积物供应这一因素，只有陡崖抬升或盆地沉降而引起的可容空间增加量远大于沉积物供应量，并且在一定时间内维持较高的可容空间，才能为片流的发育提供有利条件，形成岩性界面；否则，陡崖抬升或盆地沉降的幅度不够，可容空间增量小于沉积物供应量，就会使得辫状河道下切早期片流沉积，使河道底部冲刷面较为发育。

依据克下组五级层序 PS1、PS2、PS3 和 PS4 的层序充填特征，并结合图 4.1 所示的可容空间变化规律，可将研究区内四级层序格架内五级层序界面的演化过程概述如下：季节性洪水携带大量沉积物冲出山口后，首先充填古沟槽，形成 PS1 五级层序下部的少量槽流沉积。在古地形的限制下，槽流沉积底部冲刷面呈高幅度交错叠置的形态。而后在 PS1 中上部发育大量片流沉积。由于没有沟槽限制，片流沉积物在侧向上迅速扩张，垂向上不断加积，逐步形成扇体的雏形，扇面没有明显水道发育。由于片流均属层状流动的重力流沉积，因此对下伏地层基本无冲刷作用，片流复合体底部层序界面为岩性界面。同时准噶尔盆地西北缘在克下组沉积时期处于弱挤压阶段，构造相对平静，没有明显的山地抬升或盆地沉降来提供大量的可容空间增量，因此随着片流沉积物的不断堆积，山前的可容空间降低，水流携带沉积物对先期片流沉积物不断冲刷，形成 PS2 和 PS3 时期大规模的河道底部冲刷界面（图 4.2）。

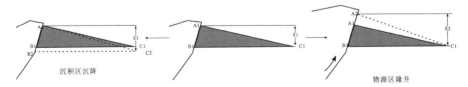

图 4.1　构造活动对扇三角洲平原可容空间的控制作用

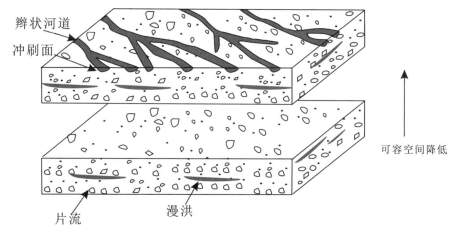

辫状河道

冲刷面

可容空间降低

片流　　　　　漫洪

图 4.2　扇三角洲平原环境可容空间变化控制下的层序界面演化模式

2. 构造活动对扇三角洲前缘五级层序界面的控制

　　陆相断陷盆地是扇三角洲发育的有利场所，目前国内所报道的扇三角洲多发育在断陷盆地的短轴两侧。下面以柳赞油田北区为例，探讨陆相断陷盆地中，构造活动对扇三角洲前缘五级层序界面的控制作用。

　　陆相断陷盆地的拉张裂陷作用具多旋回性，是一个不连续的幕式沉降过程[37]。如南堡凹陷柳赞油田受到多期拉张作用，形成多个裂陷幕，相当于二级构造旋回（表 4.1）。一个二级构造旋回中同沉积断层的活动性又有强弱变化[71]。三级层序与同沉积断层的活动速率变化具有很好的对应关系。

　　单个断层的活动并是一个多次、不连续的过程，这是因为断块沿断面向下滑动的过程表现为应力积累→滑动释放的二元反复过程，在应力积累阶段沉降速率慢，当应力积累达到足以克服摩擦阻力时，断块才能向下滑移一次，造成应力的释放，然后又进入应力积累阶段。这一二元过程反复重演就构成了"幕式"沉降过程，在一个幕式沉降旋回内部又包含多个更加高频的幕式沉降旋回，并控制了四级层序、五级层序等高频层序的发育。这种高频构造活动在地层中留下了很多痕迹，例如，柳赞油田沙三³中发育的多个稳定分布的泥岩段、南堡凹陷沉降中心的迁移以及滦平盆地西瓜园组发育的震积岩等。

下面分别探讨在断裂坡折带和缓坡枢纽带构造活动对高频层序界面的控制作用。

表 4.1 多幕裂陷作用与层序地层单元的对应关系（据文献[71]，有修改）

构造级别	构造作用	层序地层单元
一级	裂陷期	二级层序（构造层序）
二级	裂陷幕	三级层序组 （亚构造层序）
三级	断层活动性变化	三级层序
四级	高频幕式沉降	四级层序
五级		五级层序

1）断裂坡折带

断裂坡折带是由规模较大的、活动时期贯通到地表的同沉积断裂构成的[72]。在断裂坡折带，由于地形较陡，扇三角洲平原亚相容易遭受剥蚀而难以保存，而扇三角洲前缘分布范围广泛，是储层发育的主要区域。同沉积断层的活动性变化通常不直接控制五级层序界面的形成过程，而是为五级层序界面的形成提供宏观的地形条件，而高频幕式沉降作用对主干断裂一侧的盆地沉降速率和沉积速率有明显的控制作用，具体控制了五级层序界面的形成过程，导致五级层序界面特征的变化。

（1）断层活动性变化对五级层序界面的控制作用。

在盆缘控制沉积断裂的差异性活动影响下盆地相应地发生不均衡沉降，进而为五级层序界面的形成和发育提供条件。下面以南堡凹陷柳赞油田为例具体分析。

沙三³亚段时期边界断层——伯各庄断层活动微弱或者不活动，而反向断层早期活动性强，晚期活动性弱，形成 SQ₁ 和 SQ₂ 两个三级层序[73]。沙三³亚段早期柏各庄断层南侧的反向断层在研究区的断距大，活动强烈，导致研究区内的沉降速率快，地层厚度大，四级层序 FS1、FS2、FS3 和 FS4 不断向拾场次凹内进积，地形呈现东高西低的趋势，且地形高差较大（图 4.3）。在这种环境下，河流作用力较强，沉积物供应速率高，有利于形成大规模的冲刷面，而湖泛的影响范围较小，湖泛期形成的泥岩容易被粗碎屑体的进积作用所改造。同时，水下分流河道所携带的大量沉积物在前缘斜坡卸载，形成厚层的舌状坝砂体，多期坝砂体之间的岩性界面较为发育。在拾场次凹不断沉降的过程中，柳北区块整体均衡抬升，FS3 和 FS4 层序遭受不同程度的剥蚀作用，形成不整合面。

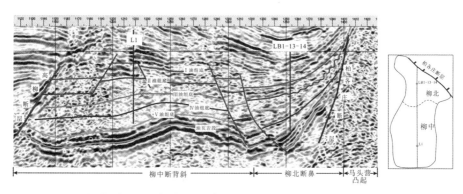

（a）地震层序地层格架　　　　　　（b）地震测线位置

图 4.3　柳赞油田地震层序格架及地震测线位置图

不整合面之上的 FS5 和 FS6 形成于湖盆扩张期，形成总体上表现出退积型沉积序列。该时期反向断层的断距逐渐变小，活动性减弱，四级层序 FS5 和 FS6 以低角度超覆在不整合面之上（图 4.3）。研究区内地形平缓，湖盆不断扩张，湖浪作用增强，湖泛的影响范围增大，在这种环境下形成的分流水道呈窄带状分布，冲刷面在顺物源方向延伸远，而在河口坝沉积区的洪泛泥岩则具有良好的侧向连续性和较广的分布范围。

通过以上分析可知,在断层活动性变化的控制下,较陡的地形和较高的沉积物供给速率更容易形成叠置程度较高、规模较大的水下分流河道和舌状坝,有利于河道底部冲刷面以及多期舌状坝之间的岩性界面的发育。平缓地形和较低的沉积物供给速率更容易形成叠置程度较低的水下分流河道和侧向拼接的薄层河口坝,这就为洪泛泥岩在平面上的大面积稳定分布提供了有利条件(图 4.4 和图 4.5)。

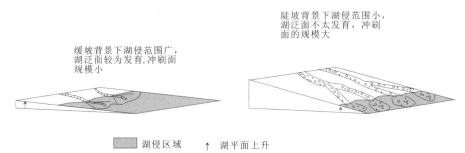

图 4.4　不同地形条件下的冲刷面和洪泛沉积分布特征

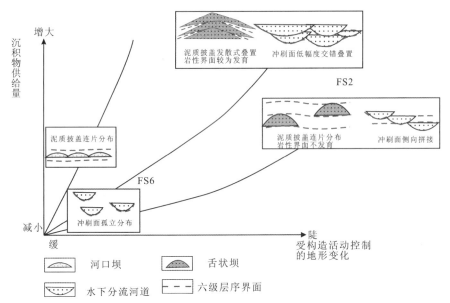

图 4.5　沉积物供给和地形变化控制下的单砂体及六级层序界面叠置模式

（2）高频幕式沉降作用对五级层序界面的控制作用。

一个四级层序内部通常由渐次减弱的次级高频幕式沉降旋回组成（图 4.6）。高频幕式沉降对单个五级层序及其界面的控制作用可以解释为：五级层序发育早期至早中期，沉降速率由远大于沉积速率缓慢降低至略大于沉积速率。层序内部沉积过程对应于图 4.7 中的①②阶段。大量的陆源碎屑物质主要在水下分流河

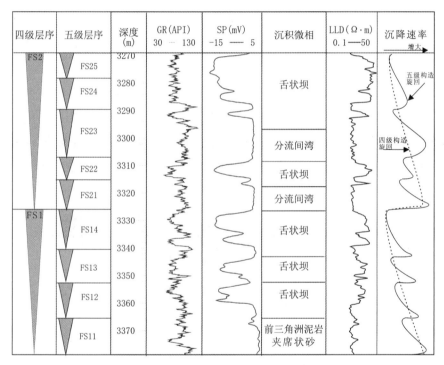

图 4.6　幕式构造沉降对四级层序和五级层序的控制作用

道发育区沉积；而在分流河道前端的河口坝沉积区，沉积物供应相对较弱，形成五级层序底部的湖侵泥岩。五级层序发育中晚期至晚期，沉降速率逐渐降低至小于沉积速率，层序内部沉积过程对应于图 4.7 中③④阶段。水下分流河道携带大量粗碎屑向湖中心方向逐渐推进，近岸水下分流河道的基准面下降期沉积被冲刷带走，形成大规模冲刷面；在距离物源较远的一侧，由于可容空

间的增大，大量沉积物不断卸载，形成以河口坝（或舌状坝）为主体的向上变粗的五级层序。因此在沉降速率由快到慢的过程中，在顺物源方向上形成 A1 型→A2 型→C1 型（C2 型）→B2 型（B3 型）的五级层序演化模式。五级层序底部的河道冲刷面形成于盆地沉降速率小于沉积速率的阶段，洪泛泥岩形成于盆地沉降速率大于沉积速率的阶段。

2）缓坡枢纽带

当断陷盆地的边界断层为平面式陡倾正断层时，通常断层的上盘会发生旋转掀斜作用，在断层的上盘形成缓坡。缓坡带扇三角洲体系的保存较为完整，在平缓的地形条件下，扇三角洲平原逐渐过渡为扇三角洲前缘。缓坡枢纽带五级层序界面的特征受控于盆地主干断裂一侧的周期性沉降。断陷盆地主干断裂一侧的沉降速率变化会造成缓坡带的周期性抬升而改变来自缓坡带的扇三角洲平原砂砾岩体向湖盆内的供给速率，形成不同类型的五级层序界面。

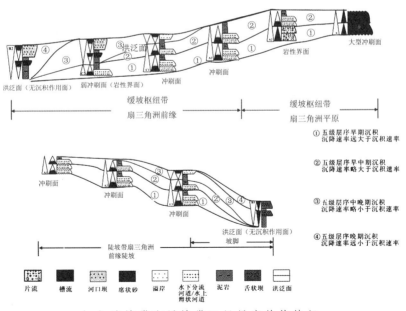

（a）陡坡带和缓坡带五级层序结构特征

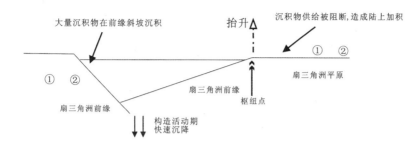

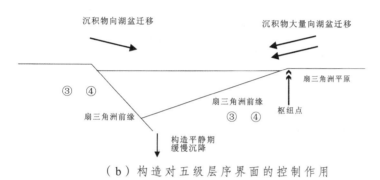

（b）构造对五级层序界面的控制作用

图 4.7　高频幕式沉降作用控制下的断陷盆地五级层序界面成因模式

　　图 4.8 为意大利中部 Mugello 盆地的沉积断面图，该盆地为一个单断式断陷盆地，盆地西南边缘发育主干断裂，东北边缘缓坡带发育一系列反向断层。在 T1 阶段盆地处于构造平静期，主干断裂一侧的沉降缓慢，缓坡带物源供应充足，近河口地区的可容空间小，在水下分流河道沉积区发育多期河道冲刷面；大部分物源碎屑被不断输送至盆地内部形成扇三角洲前缘的 B2 型五级层序以及 C1 型、C2 型层序的基准面下降期沉积（图 4.9）。至 T2 阶段，盆地主干边界断层活动加剧，陡坡带的盆地基底沉降速率增大，导致盆地缓坡带均衡抬升，阻碍了陆上粗碎屑体向盆地内的输送，在扇三角洲平原形成 A1 型和 A2 型五级层序，并且 A2 型层序顶部有洪泛泥岩发育。在扇三角洲前缘，只有少量沉积物到达近岸的水下分流河道沉积区，形成 A2 型层序和 C1

型、C2 型层序的基准面上升期沉积；而在扇三角洲前缘的河口坝沉积区表现为欠补偿的沉积状态，形成洪泛期的暗色泥岩。至 T3 阶段，盆地主干边界断层活动性减弱，基底沉降速率减小，又重新激活了陆上沉积物的供应，重演 T1 阶段的沉积过程。

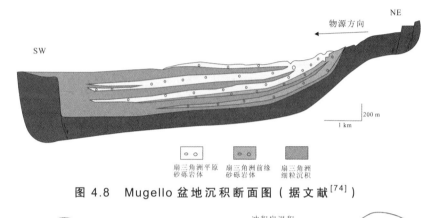

图 4.8　Mugello 盆地沉积断面图（据文献[74]）

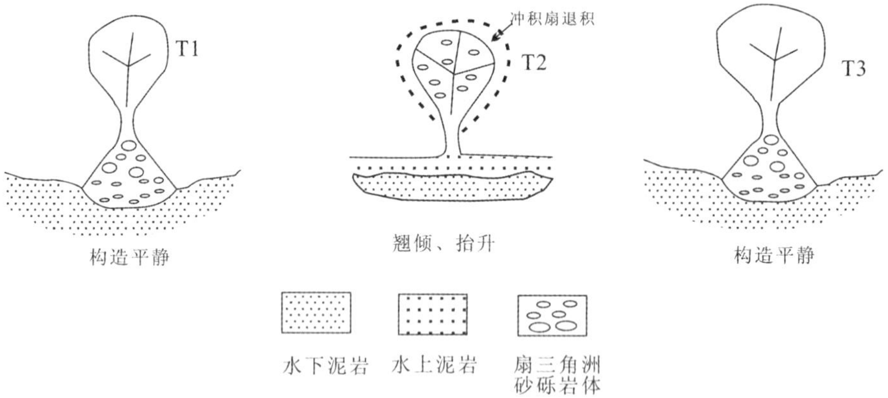

图 4.9　缓坡枢纽带高频幕式沉降对物源供给的控制作用（据文献[74]，有修改）

因此，向上变浅的五级层序和对称型五级层序的上升半旋回响应于盆地构造活动期的快速沉降过程，即 T2 阶段形成图 4.7 中第①②阶段沉积，最终在扇三角洲前缘形成洪泛泥岩。而向上变深的五级层序和对称型五级层序的下降半旋回记录了盆地由构造平静期慢速沉降的过程，即 T1 和 T3 阶段形成图

4.7 中第③④阶段沉积，在扇三角洲前缘的水下分流河道沉积区形成冲刷面。

3）断陷盆地高频幕式沉降对五级层序界面控制作用的综合模式

在相同的构造演化阶段，在断陷盆地陡坡断裂带和缓坡枢纽带，五级层序界面特征的变化规律具有一定的相似性，但是高频幕式沉降对五级层序界面的控制作用在陡坡带和缓坡带有不同的表现形式。

盆地主干断裂在应力释放阶段的活动性强，主干断裂一侧的盆地基底沉降速率快，可容空间明显增大，在陡坡带的水下分流河道沉积区形成向上变深的五级层序（A1 型、A2 型）以及对称型五级层序（C1 型）的上升期沉积，而河口坝沉积区处于欠补偿状态，形成洪泛泥岩。此时，缓坡枢纽带均衡抬升，扇三角洲前缘的沉积物供应被阻断，也处于欠补偿状态，同样形成洪泛泥岩（图 4.7）。

盆地主干断裂在应力积累阶段的活动性弱，主干断裂一侧的盆地基底沉降速率慢，可容空间较小，因此在水下分流河道沉积区多形成冲刷面，而在河口坝沉积区形成向上变粗的五级层序（B3 型、B2 型）以及对称型五级层序（C1 型、C2 型）的下降期沉积（图 4.7）。此时，缓坡枢纽带，物源供应通畅，可容空间相对较小，多形成冲刷面。

4.1.2　气候变化

气候是控制高频层序的重要因素之一，尤其在构造稳定阶段，气候变化对高频层序界面的控制作用尤为显著。气候条件的高频周期性变化主要通过影响湖平面和沉积物供给的变化来控制高频层序界面的形成和演化。

1. 气候变化对沉积物供给的控制作用

冲积扇是扇三角洲的物源供给体系，同时也是扇三角洲平原的主体沉积。气候变化对扇三角洲环境沉积物供给的控制作用主要体现在：气候变化的周期性造成陆上洪水或泥石流爆发的准周期性，在相同的构造背景下，低频气候旋回孕育低频洪水事件或泥石流事件，形成的五级层序界面的识别标志范围广，侧向连续性好；高频气候旋回孕育高频洪水事件或泥石流事件，五级层序界面的识别标志分布范围窄，侧向连续性较差。

通常来讲，在长期潮湿气候条件下，季节性的降雨较为充沛，形成以季节为周期的高频气候旋回，导致扇三角洲平原上的辫状河道多为砂质辫状河，但是季节性降雨的雨量较小，辫状河的负载能力低，所搬运的沉积物粒度较细，高频层序界面主要表现为河道底部冲刷面和河道顶部的洪泛泥岩。由于有常年流水，辫状河道的延伸距离较远，因此冲刷面和洪泛泥岩的展布范围广泛（图 4.10a）。

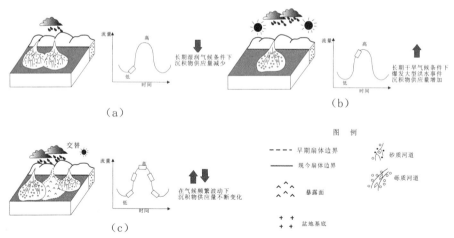

图 4.10 气候变化对高频层序的控制作用（据文献[75]）

在长期干旱气候条件下，常常会爆发百年一遇的大洪水，这种大洪水属于低频气候旋回的产物。在大洪水期间，河流的负载能力也显著提高，所携带的沉积物粒度较粗，因此槽流、片流以及砾石质辫状河发育，层序界面主要表现为槽流、辫状河道底部冲刷面以及片流底部岩性界面。在干旱气候条件下，扇体的流域面积较小，因此这些界面的展布范围也比较窄，洪泛期细粒沉积的保存程度相对较低（图 4.10b）。

在潮湿气候和干旱气候频繁交替的条件下，交替爆发大规模和小规模的洪水，沉积物供应强度不断变化，扇体不断迁移，沉积范围不断变化，因此，在扇体迁移之后，原来的沉积部位暴露于地表，形成间歇暴露面（图 4.10c）。

在一个五级层序内部又包含多个高频洪水事件，形成多个六级层序，并且在五级层序顶底形成冲刷面或洪泛面（图 4.11）。

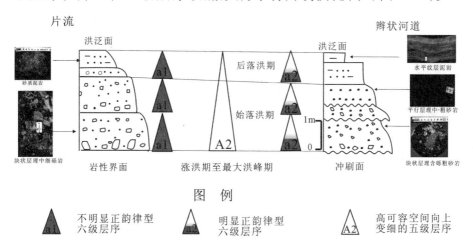

图 4.11 洪水事件控制下的五级层序界面发育模式

一次高频洪水事件又可分为涨洪→落洪→枯水期等阶段，形成 a1 型和 a2 型六级层序。涨洪期至最大洪峰期，水量不断增大，大量沉积物被向前搬运，同时辫状河道对下伏地层产生冲刷作用。始落洪期至后落洪期，洪峰时水流所携带的沉积物按照机械分异作用开始沉积，其中粗粒沉积物在该时期先沉积下来，形成五级层序的中下部沉积。后落洪阶段，随着水流的流速、流量进一步下降，中、细粒沉积物依次沉积于始落洪期粗沉积物之上，形成五级层序的顶部沉积，并最终形成洪泛面。至枯水期，在扇缘部位的河道外侧，由于沉积物供应量少而暴露在空气中遭受氧化作用，形成间歇暴露面。

2. 气候变化对湖平面升降的控制作用

按照米兰科维奇（Milankovitch）轨道理论，地球运行轨道几何形态的周期性变化，可以引起气候的周期性波动。在岁差、斜率和偏心率这三个轨道参数的驱动下，形成不同级次的高频层序。具体来说，气候对高频层序的控制是通过它对湖盆注入量和蒸发量的影响，进一步引起湖平面的变化来完成的。在湖平面升降旋回变化过程中，由于 A/S 比值的变化，导致沉积物的保存程度、地层堆积样式、岩相组合及岩石结构等发生变化，进而形成各种类型的高频层序界面[76]。

然而不同盆地的古地形、古水深条件不同，湖平面变化对气候的敏感程度不同[77, 78]，高频层序界面的发育程度有明显的差异。

柳赞油田北区在沙三[3]时期处于潮湿、多雨的气候条件，降雨量长期大于蒸发量，盆地泄水通道的海拔较高，因此研究区在较长时间内保持了深水环境。在盆地边缘的扇三角洲前缘沉积中，发育较厚的湖相泥岩段，并与水下砂砾岩体互层。尤其是在四级层序 FS2 沉积期，总体沉积地形起伏较大，盆地陡坡边缘的河流作用较强，导致河道冲刷面的分布范围大，而短周期的气候波动对于此类深水湖盆的湖岸线的迁移距离影响很弱，垂向上湖平面即使有大幅度的升降变化，湖岸线在平面上迁移的距离也很小，因此，洪泛泥岩在平面上的分布范围相对局限（图 4.12）；同时，湖泛对于冲刷面的分布范围的影响也较小。

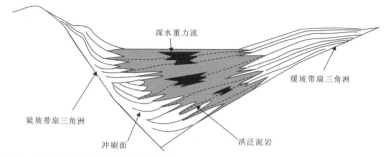

图 4.12　降雨量大于蒸发量的断陷深水湖盆高频层序界面发育模式（据文献[77]）

　　与柳赞油田相反，滦平盆地在西瓜园组沉积期湖盆水体较浅，降雨量大致等于蒸发量，湖平面对于气候的短期变化较为敏感，升降频繁，其证据如下：

　　首先，垂向上缺少完整的三角洲沉积层序。多个野外露头剖面上可见滨、浅湖泥岩和前三角洲泥岩与三角洲前缘砂岩互层的现象，砂岩中可见平行层理、交错层理等牵引流的沉积构造。这一现象表明，在气候干旱期，湖平面下降，暗色泥岩出露地表，陆上辫状河道携带陆源粗碎屑物质入湖，形成了低水位扇三角洲前缘砂泥互层的特征（图 4.13）。

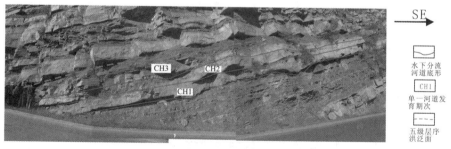

图 4.13　滦平盆地桑园剖面扇三角洲前缘高频层序特征

　　其次，在西瓜园组下段的暗色泥岩中还可见恐龙脚印化石（图 4.14）。纪友亮等[79]指出这些化石是湖平面频繁变化的良好证据。在潮湿气候条件下，湖平面上涨，前扇三角洲、深湖－半深湖相泥岩不断沉积。在枯水期，湖平面下降，前扇三角洲或深湖－半深湖相暗色泥岩暴露出水面，一些恐龙到湖边喝水，踩在泥岩上，就留下了脚印（图 4.15）。

统	组	段	厚度/m	岩性剖面	岩性描述
下白垩统－上侏罗统	西瓜园组	上段	100		暗色泥岩、油页岩及含碳酸盐岩纹层的泥岩与砂砾岩、砂岩互层
		中段	600		暗色砂砾岩夹颜色岩、暗页岩中含有变颜色岩理行层中色泥岩，砂状和暗页岩，砂波理、交错层理各种含状层理和变化、交错行层层理理砾砂平薄层岩层理平
		下段	200		暗色泥岩、油页岩及含碳酸盐岩纹层的泥岩

恐龙脚印产出层位 |

砂砾岩	暗色泥岩	油页岩

图 4.14 滦平盆地西瓜园组地层特征（据文献[79]）

图 4.15 滦平盆地西瓜园组恐龙脚印化石（据文献[79]）

依据这些现象可以推断,降雨量或蒸发量的细微波动能够给滦平盆地的湖平面带来剧烈的变化，也就是说，垂向上湖平面即使只有小幅度的升降，也会在平面上引起湖岸线的大范围迁移。湖平面上升期，该类型湖盆可能发育前扇三角洲、深湖 – 半深湖相等深水沉积，洪泛泥岩的分布范围广；湖平面下降期，深水沉积的暗色泥岩可能直接暴露地表，大量的陆源粗碎屑物质向盆地内进积，河道底部冲刷面在顺物源方向上的延伸距离远（图 4.16）。

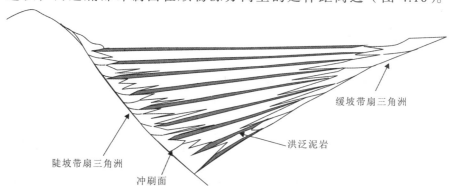

图 4.16 降雨量大致等于蒸发量的断陷湖盆高频层序界面发育模式（据文献[77]）

4.2 自旋回机制

自旋回可以理解为，当海（湖）平面升降和沉积物供应等异旋回因素都保持恒定的条件下，沉积体系由于其自身的搬运介质动力条件、泥沙含量等因素发生变化而产生的沉积记录。例如，在曲流河沉积体系中，在基准面稳定、沉积物供应量不变的条件下，河水仍然会对凹岸冲刷，并携带沉积物在凸岸堆积。这种侧向迁移作用仍然会产生自下而上逐渐变细的正韵律沉积。但是，这种正韵律并不直接反映 A/S 比值的变化。同样，在扇三角洲体系中也会发生各种各样的自旋回沉积过程，这些沉积过程对于六级层序界面的形成与发育起主要的控制作用。

4.2.1 扇三角洲平原六级层序界面形成的自旋回机制

扇三角洲平原上沉积作用的类型丰富，在顺物源方向上由槽流、片流演化为辫状河道沉积，六级层序界面的表现形式也随之发生转换，槽流底部冲刷面或片流底部岩性界面逐渐转变为河道底部的冲刷面，其自旋回控制因素主要是流体性质的转变。这一演变过程是流体密度、流量、流速等水动力条件的变化所引起的，而并不直接受控于异旋回因素，不管是在基准面的上升期、下降期还是稳定期，这一演化过程都会发生。

如图 4.17 所示，当物源区周期性的抬升或盆地沉降所带来的可容空间增量大于沉积物供应的增量，引起沉积物向物源区退积，槽流、片流沉积物便覆盖在辫状河道之上，从形成向上变细的五级层序。如果物源抬升或盆地沉降的速度减缓，新增可容空间小于沉积物供应的增量，就会引起沉积物的进积，形成向上变粗的五级层序。但是在五级层序格架内，六级层序始终保持其固

有的正韵律（或不明显正韵律）的特征，六级层序界面的表现形
式也始终为槽流底部冲刷面、片流底部岩性界面和河道底部的冲
刷面。

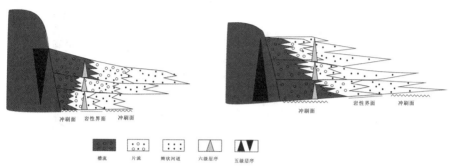

冲刷面　岩性界面　冲刷面　　　　　　　　　冲刷面　　　岩性界面　冲刷面

槽流　　片流　　辫状河道　　六级层序　　五级层序

图 4.17　扇三角洲平原高频层序界面特征的变化规律（据文献[80]，修改）

因此，六级层序界面的特征与基准面变化没有直接的关系，
而与沉积流体的自身属性有关。槽流在流动过程中，呈流向不定
的紊流运动，而且流速快，密度大，因此对下伏地层侵蚀作用极
强。片流是多期洪水作用形成的片状加积的重力流，在流动过程
中整体呈层流状态。同时，片流也属于黏结流[81]，片流中的黏结
性的细粒基质具有凝聚力，可以将沉积物颗粒聚集在一起，防止
了外部水体的进入，从而维持了流体的整体性，并且在片流底部
形成一层水膜。这层水膜在片流流动的过程中可以起到润滑的作
用，将黏结性的片流流体与下伏地层隔开，这也就是所谓的滑水
机制[82]，凭借这一机制片流在流动过程中对下伏层基本没有侵蚀
性（图 4.18）。因此片流底部多发育岩性界面。辫状河道是牵引
流沉积的产物，会形成典型的河道底部冲刷面。无论基准面上升
或下降，槽流或片流在自身演化过程中，都会由于沉积物大量卸
载或者外部水分的进入，自身密度不断降低而转化为低密度的牵
引流，六级层序界面也随之由槽流底部冲刷面或片流底部岩性界
面转变为河道底部冲刷面。

图 4.18 片流底部岩性界面（滦平盆地）（据文献[81]）

这一演变过程并不直接受控于异旋回因素，但是异旋回因素能够为这一自旋回过程的形成提供前提条件，并且加速、延缓或者强化这一自旋回作用的进程，例如，盆地大幅度的构造沉降为片流的发育提供有利的可容空间条件，而暴雨气候能够增强水流的搬运能力，使片流底部岩性界面的展布范围更加广泛。

4.2.2 扇三角洲前缘六级层序界面形成的自旋回机制

扇三角洲前缘六级层序界面特征的变化规律同样与沉积微相的自身演化过程有关，具体来说是受控于河水与湖水的相互作用，而与湖平面变化、沉积物供应等异旋回因素无直接的关系。假定异旋回因素保持恒定，扇三角洲平原的辫状河道依然会在河水与湖水的相互作用下演化为水下分流河道和河口坝，或者舌状坝，在河道沉积区六级层序界面表现为冲刷面，在河口坝（或舌状坝）沉积区六级层序界面表现为泥质披盖或岩性界面。

以柳赞油田北区沙三^{3}亚段四级层序 FS2 为例，该时期六级层序界面主要表现为水下分流河道沉积区的冲刷面和舌状坝沉积区的泥质披盖或岩性界面。假定基准面变化和沉积物供应保持恒定，扇三角洲前缘六级层序界面的自旋回形成过程可以概括如下：水上辫状河道携带陆源碎屑物质入湖，由于河流作用力较强，水下分流河道能携带大量陆源碎屑物质在前缘斜坡上滑动，由于前缘斜坡上可容空间较小，河道底部冲刷面逐渐发育。大部分沉积物被输送到前缘斜坡的中下部，并且在重力作用下不断沉积，在研究区的南缘形成厚层的舌状坝（图 4.19 和图 4.20）。随着河流不断向湖盆供应沉积物，舌状坝不断向上增高、向前方和侧向推移，形成一个反粒序的沉积旋回（图 4.21）。当一期舌状坝的发育进入尾声，沉积间歇期的泥质沉积会覆盖在舌状坝砂体之上，侧向上与滨浅湖或分流间湾泥岩相接。泥质披盖就成为识别六级层序界面的良好标志，但也有可能由于多期坝砂体的叠置程度较高，泥质披盖不发育，而岩性界面较发育。

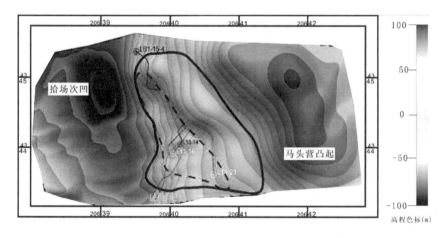

图 4.19　柳赞油田北区 FS2 沉积期舌状坝分布范围

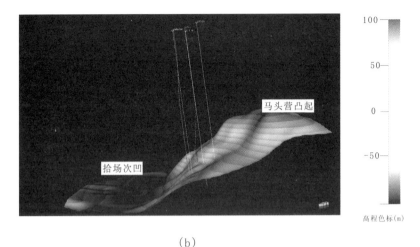

(b)

图 4.20　柳赞油田北区 FS2 沉积期古地貌图

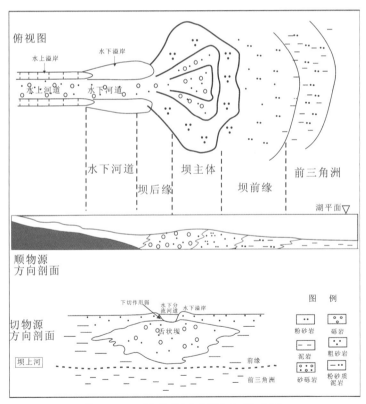

图 4.21　舌状坝空间形态模式图

只要条件合适，不管可容空间和沉积物供应如何变化，上述沉积过程都会发生。但是这一沉积过程的发生需要构造活动、气候变化等异旋回因素来提供必要的前提条件，同时异旋回因素能够延缓或者加速六级界面的发育过程。柳赞油田北区位于柏各庄断层的下降盘，西临拾场次凹。在 IV_2 砂组时期由于断层的差异性活动导致古地形较陡。同时，马头营凸起区内重晶石、天青石等硫酸盐自生重矿物的出现，反映该区为较干旱气候条件。在此种气候条件下，地面植被较差，岩石机械风化作用强，容易形成丰富的碎屑物源。因此水下分流河道可以携带大量砂质载荷沿前缘斜坡快速滑动，进而形成重力流成因机制的舌状坝。

在沉积物供应较弱，可容空间相对较大的条件下，大量陆源碎屑物质沉积在水下分流河道区，无法形成厚层的舌状坝砂体（图 4.22a）。当沉积物供应量不断增强，舌状坝才开始一期一期地发育，形成岩性界面和泥质披盖（图 4.22b）。岩性界面和泥质披盖的分布范围会随着 A/S 比值的变化而变化，在 A/S 比值增大的情况下舌状坝呈退积式叠置，坝砂体叠置程度逐渐降低，使得舌状坝之间泥质披盖分布范围变广，厚度变大；在 A/S 比值减小的情况下坝体呈进积式叠加（图 4.22c），坝砂体叠置程度逐渐增高，使得泥质披盖的分布范围变小，厚度变薄，而岩性突变界面逐渐发育。

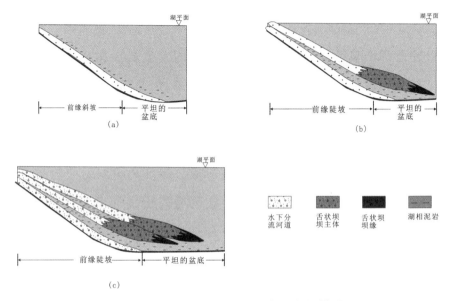

图 4.22　多期舌状坝进积叠加演化模式图

4.3　异旋回机制与自旋回机制的区别与联系

4.3.1　异旋回机制与自旋回机制的区别

　　首先，自旋回与异旋回的驱动因素不同。自旋回过程是由内因驱动的，异旋回过程是由外因驱动的。内因属于事物的固有属性，既是事物存在和发展的根据，又是本事物区别于其他事物的内在本质，它决定着事物发展的方向。层序界面本身的类型及其沉积过程中的流量、流速、泥沙含量等因素变化都是属于内因的范畴，内因决定了沉积过程的发展方向。异旋回机制就是外因驱动，外因是事物发展变化的条件，构造活动、气候变化等因素都属于外因的范畴。构造活动为高频界面的形成提供地形条件，进而提供可容空间；古气候为高频界面的形成提供物源条件，同时也影响湖平面的变化。

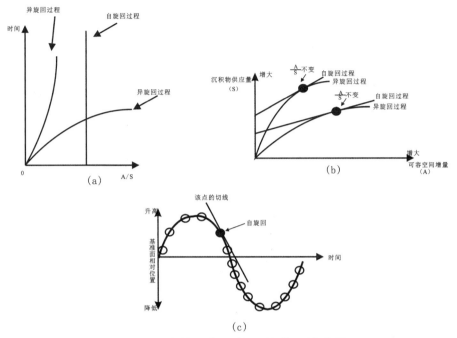

图 4.23　自 旋 回 与 异 旋 回 的 关 系 模 式 图

　　其次，自旋回与异旋回的作用时间与作用范围不同。第一，自旋回作用的时间跨度远小于异旋回作用的时间跨度。基准面升降运动的轨迹在理论上为一正弦曲线，基准面升降变化的不同阶段，A/S 比值不同，高频层序的结构和叠加样式也不相同，同样也决定了高频层序界面在层序结构中的分布特征不同。自旋回可以看作是正弦曲线中任意一点的切线（图 4.23a 和 4.23b），在这一点上 A/S 比值保持恒定，也就是说这一点代表了基准面上升或下降过程中"瞬时"地层过程所形成的产物。异旋回过程中 A/S 比值随时间变化的曲线具有多样性，而自旋回过程中 A/S 比值是恒定的。因此，我们可以将某一成因微相的形成过程近似看作基准面变化过程中的"瞬时"产物，多个单一成因微相在空间的互相叠置代表的是基准面上升或下降所形成的异旋回沉积产物。第二，自旋回作用的范围仅限于异旋回作用范围之内的局部区域。

自旋回与异旋回的关系可以类比为个体与总体的关系。一个扇三角洲体系可以看作是一个整体，用图 4.23（c）中的正弦曲线来表现，扇三角洲内部单一河道或单一河口坝可近似看作一个个体，可用图 4.22（c）中正弦曲线上的多个圆圈来表示。整体由多个个体组成，个体的作用范围被包含在整体作用范围之内，多个个体的自身演化就构成了整体的演化过程。也就是说垂向上，多个单一微相的叠加样式才能体现异旋回的控制作用。

4.3.2　异旋回机制与自旋回机制的联系

唯物辩证法认为，外因是事物发展的外部条件，它能加速或延缓事物发展的进程。以舌状坝的形成为例，快速构造沉降为舌状坝的形成提供了较陡的古地形条件，干旱的气候条件为舌状坝的形成提供了充沛的物源条件，在有利的外部条件下，水下分流河道搬运大量碎屑物质才能在前缘斜坡带形成舌状坝。另一方面，内因和外因可以互相转化的。由于地质过程的复杂性以及发展的无限性，内因和外因在一定条件下可以互相转化。从三级层序、四级层序的角度来看，单一成因砂体的演化属于自旋回过程。三级周期或四级周期的构造运动、气候变化为研究区内单一舌状坝砂体的形成提供了外在的物源条件和地形条件。而相对于单一成因砂体而言，其内部各种小规模纹层的形成与发育就属于自旋回过程，与单一成因砂体级次相当的各种控制因素就是控制纹层的异旋回因素。

因此，自旋回与异旋回既有区别又有联系，彼此是不可分割的。我们在进行层序地层学研究时，既要考虑基准面变化所带来的区域性响应，又要注意到由于沉积体系的内在自旋回过程，局部地区的垂向粒度变化可能与基准面变化趋势不相符。

第 5 章 扇三角洲地层对比模式

5.1 层序地层学在地层对比中面临的难题

不同学派的层序地层学理论引入中国以来，在我国油田开发阶段的地层对比工作中得到了广泛应用[83-93]。应用层序地层学理论不仅可以精细对比高频地层单元，还能够对地层单元的成因提出沉积动力学的解释。但是，随着油田开发工作的不断深入，以层序地层学理论为指导的小层、单层规模的储层精细对比面临着一些难题，主要表现为以下两个方面：

首先，自旋回作用影响异旋回作用所形成的标志层的分布。层序地层学的三大学派都强调了洪泛面在地层划分与对比上的重要性。Vail 所定义的准层序是以海（湖）泛面或与其相应的界面为界，Galloway 的成因层序地层学是以不同级别的最大洪泛面来划分对比地层，而在应用 Cross 的高分辨率层序地层学来划分和对比地层时，不同级次的洪泛面是首选标志层。但是在实际工作中，受自旋回作用的干扰，洪泛沉积在侧向上分布不稳定。例如，在扇三角洲平原环境，由于辫状河道经常改道，对早期形成的五级层序的洪泛沉积有很强的侵蚀作用，使得洪泛沉积在侧向上不连续。在扇三角洲前缘环境，水下分流河道的频繁分叉使得各井垂向上发育多个泥岩段，这种情况下很难将自旋回作用形成的河道顶部泥岩与最大洪泛期形成的泥岩区别开。

其次，自旋回作用影响异旋回的识别。五级层序（相当于小层）通常是依据地层叠加样式或垂向粒度变化来识别的。然而六级层序（相当于单元）的变化趋势会对五级层序的变化趋势产生一定的影响。其原因在于，六级层序主要受自旋回因素的控制，与沉积微相的自身属性有关。尤其在扇三角洲环境，由于地形陡，离物源近，使得各种沉积微相的特征变化复杂，这就使得在测井曲线和岩心上所观察到的地层叠加样式常常与基准面的变化规律并不一致，例如，当基准面下降时，地层应具有反旋回特征，而此时的河道沉积却具有正旋回特征；又如基准面上升时，地层应具有正旋回特征，决口扇、河口坝等却呈反旋回变化规律，而且这些单一成因的砂体在空间上互相叠置，识别异旋回层序就更加困难。

因此，针对这些问题，亟待建立自旋回与异旋回共同控制下的小层、单层级别的储层精细对比模式，在进行异旋回因素控制下的地层对比工作时，尽可能排除自旋回的干扰。

5.2 扇三角洲地层对比模式

通过分析高分辨率层序地层对比方法遇到的问题，结合研究区的地质背景，综合利用岩心、测井等资料，建立了扇三角洲不同相带的小层、单层级别的地层对比模式。具体思路如下：在进行精细储层对比时，首先识别异旋回作用形成的标志层，建立等时对比框架，而后在单砂体相变模式的指导下进行旋回对比。异旋回作用形成的标志层分布范围广，可以反映区域基准面变化，例如，复合河道底部的大型冲刷面、顶部的洪泛面。单砂体相变模式是指单一成因砂体的自旋回演化模式，例如平原辫状河道的下切作用、水下分流河道演化为河口坝、片流演化为辫状河道等等。这些演化过程主要受自旋回因素的控制，并且通常会影响异旋回的分布规律。因此在进行基准面旋回对比时需要有砂体相变模式的指导。当出现不符合基准面变化规律的情况时，考虑是否由单一砂体的自旋回演化过程造成，并进一步分析多口井上多个单一砂体的相变特征，通过多个自旋回的群体行为来指示异旋回的变化。

5.2.1　扇三角洲平原地层对比模式

扇三角洲平原沉积类型多变，地层厚度变化大，由于泥石流、辫状水道较强的切割侵蚀作用，地层对比中常用的标志层分布不连续，加大了地层对比难度。因此，有必要在研究扇三角洲平原沉积过程的基础上，选取连续性好、易于识别的异旋回作用形成的标志层，进行旋回对比，以提高地层对比的精度。

1．槽流和片流对比模式

扇三角洲平原的近物源部位主要发育槽流和片流沉积。底部槽流砾石体沉积过程是对古地形填平补齐的过程（图5.1），在槽流砾石体之上发育片流砾石体沉积，片流是一种席状展布的重力流，多发育在地形较平缓，可容空间较大的条件下。

1）槽流沉积对比模式

一般而言，五级层序的洪泛期沉积代表基准面上升至下降的转换面，是横向对比的首选标志层，但是在槽流沉积区强物源供给的条件下，洪泛期的漫洪沉积展布范围较为局限，经常受到后期进积砂砾岩体的改造，在横向上难以追踪，因此难以利用洪泛面来建立等时格架，但是可以根据槽流沉积本身的特性采用填平补齐对比模式。

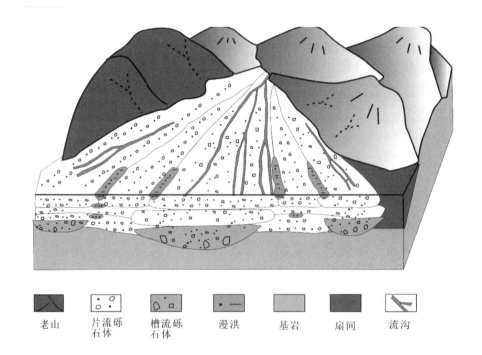

老山	片流砾石体	槽流砾石体	漫洪	基岩	扇间	流沟

图 5.1　槽流和片流微相沉积演化模式图（据文献[94]，有修改）

以研究区克下组槽流沉积为例，具体操作方法如下：首先，识别槽流沉积的底界面。研究区槽流沉积位于克下组底部，超覆于石炭系地层之上。结合构造背景研究，绘制槽流沉积的底面古构造图。接着，选取古构造最低处钻遇井作为标准井，以该井槽流沉积的顶部界面作为标志层进行横向对比。这一标志层相当于槽流与其上部片流的分界面，在岩心上表现为垂向粒度与层理的变化，槽流砾石体为混杂堆积的中、粗砾岩，其上部片流砾石体粒度变小，且具有一定的成层性。由于槽流和片流沉积的韵律性不明显，利用常规测井曲线信息区分槽流与片流的难度很大，在这种情况下可采用时频分析技术，对声波、自然伽马等常规测井曲线进行变换[95]，进而识别槽流沉积的顶界面。在确定了标准井的槽流沉积的顶界面之后，把顶界面拉平，进行自上而下的横向

平对。顶界面附近的晚期槽流沉积侧向连续性好，且有近似相等
的厚度，而早期的槽流沉积在古地形的控制下，侧向厚度变化大。
如图 5.2 中 D 井处于古地形较高的部位，可供槽流堆积的空间较
小，沉积物厚度较薄。

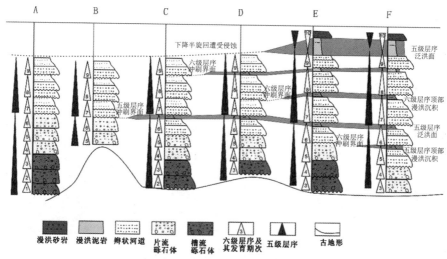

图 5.2　扇三角洲平原顺物源方向高频层序对比模式图

2）片流沉积区对比模式

片流沉积主要采用"洪泛面等间距"对比模式。通过野外露
头观察和水槽实验（图 5.3）可以发现，在冲积扇泥石流的发育
过程中伴随着多期洪水作用，在洪峰期水流搬运大量的砂砾岩
体，在落洪期粗粒沉积物先沉积下来，而后细粒沉积物质再沉积
下来，进而形成多期漫洪细粒沉积。这些漫洪细粒沉积与片流沉
积的五级层序或者六级层序的顶部界面近于重合，是划分和对比
多期砂砾岩体的良好标志。而且，同期形成的六级的漫洪沉积与
五级洪泛面有近似相等的层间距离。因此在片流沉积区可采用
"洪泛面等间距"对比模式进行井间横向对比，具体步骤如下：

首先，识别五级层序洪泛面，建立五级层序等时格架。五级
层序洪泛面具有展布范围广的特点，基本能够覆盖单一扇体，而

且洪泛面之下单砂体为退积叠置样式，洪泛面之上单砂体为进积叠置样式。

其次，在五级层序格架内，将五级层序的洪泛沉积作为标准层，选取在局部范围较为连续的六级层序漫洪细粒沉积作为局部标志层，计算六级层序顶部漫洪沉积与五级洪泛面的层间距，并确定某一数值的层间距为标准，以地层趋势为依据进行横向对比。然后外推至漫洪沉积分布不连续的地区，符合该标准的的漫洪细粒沉积为同期沉积。

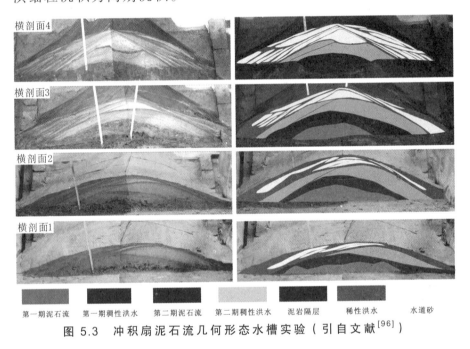

| 第一期泥石流 | 第一期稠性洪水 | 第二期泥石流 | 第二期稠性洪水 | 泥岩隔层 | 稀性洪水 | 水道砂 |

图 5.3　冲积扇泥石流几何形态水槽实验（引自文献[96]）

以克下组片流沉积为例，S732 单层顶部的漫洪泥岩在研究区的分布范围较为广泛，而且该层泥岩之下，片流沉积呈退积叠加样式，可作为五级层序洪泛面的识别标志。在识别出五级层序洪泛面之后，以洪泛期漫洪沉积为标志层横向对比，建立五级层序等时格架。在五级层序等时格架内部由于砂砾岩体的强烈进积，六级层序顶部的漫洪沉积受到强烈的改造，仅在 J586 井、T6117 井和 J588 井周围分布较为连续（图 5.4），不能作为首选的对比标志层，但是这三口井的六级层序顶部漫洪沉积与五级层序洪泛面的层间距基本相同，且符合地层起伏的趋势（图 5.5）。因此，以这三口井来推算六级层序顶部漫洪沉积与五级洪泛面的层间距，再进行横向对比，在距离较远的 J583 井也可以确定基本等间距的漫洪细粒沉积为六级层序顶部的漫洪沉积，与六级层序顶部界面近于重合。这种对比模式可以在侧向不连续的六级层序漫洪沉积之间建立联系，对于片流这种片状加积的重力流有较好的应用效果。

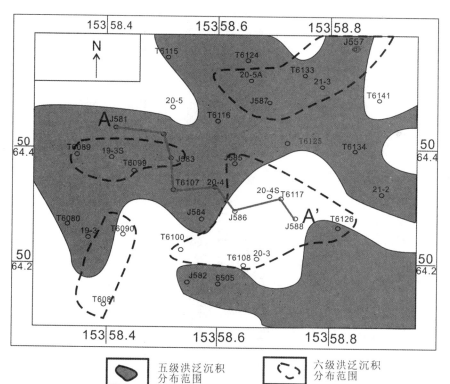

图 5.4　取心井区洪泛沉积分布范围

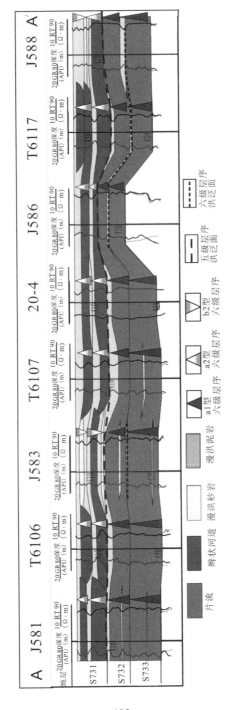

图 5.5　五级层序洪泛面控制下的六级层序对比剖面

2. 辫状河道和片流交互沉积区对比模式

片流为大面积席状展布的重力流，在向前流动的过程中片流逐渐演化为辫状河道沉积。一期片流沉积结束之后，如果可容空间减小，通常会接着发育辫状河道，辫状河道对下部片流沉积有一定的下切作用。在辫状河道与片流交互沉积区可采用以下两种对比模式：

1）顺物源方向等厚平对模式

片流沉积演化为辫状河道的过程中，地层的厚度变化不大，两种微相为同期的相变关系，且并无明显的相变界限。因此可采用近似等厚对比模式，在五级层序顶部洪泛面控制下，五级层序类型由 A1 型转变为 A2 型，六级层序类型由 a1 型转变为 a2 型（图 5.6）。

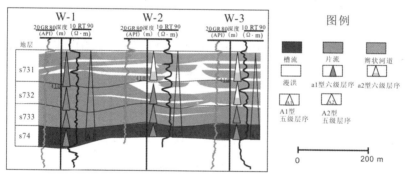

图 5.6 片流和辫状河道等厚平对剖面

2）切物源方向下切对比模式

片流沉积之后，如果没有大幅度的物源区隆升或沉积区快速沉降来提供足够的可容空间，随着沉积物的不断充填，片流沉积逐渐衰退，辫状河道沉积占据主导地位。辫状河道对早期片流产生不同程度的侵蚀冲刷作用，使得局部地区片流沉积的厚度变薄，在切物源方向的地层剖面表现为"厚 – 薄 – 厚"的形态。如图 5.7 所示，65255 井片流沉积遭受后期河道的侵蚀，其厚度小于两边的钻井。

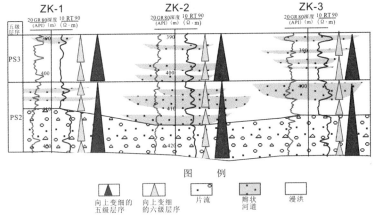

图 5.7　辫状河道下切片流对比剖面

3）辫状河道沉积区对比模式

扇三角洲平原上辫状河道非常不稳定，单期河道受水动力条件等自旋回的影响而经常改道，然而在 A/S 比值不断变化的过程中，多个辫状河道砂体的叠加样式和相对保存程度都具有一定的规律性，因而可以作为研究区辫状河道砂体等时对比的重要依据[97]。

进行辫状河道对比的方法流程如下：

首先，进行同期河道的识别。识别同期河道主要是等高程原则。通常认为同期河道砂体的顶面具有相同的高程，或者符合一定的高程趋势，但是划分单砂层时若过分严格的按照等高程法则来识别同期河道，则容易导致储层划分过细，而且在横向对比时也会增加多解性。原因是河道砂体虽在纵向上属于同期沉积，但是在平面上有可能分属于不同的河道[52]，因此受其沉积古地形的影响、河流负载能力的微弱差别导致不同的河道砂体顶面高程略有差别，这时便应将其视为同一期砂体（图 5.8a）。对于薄厚不一、特征差异较大的砂层，其高程也可能不一致，但是薄砂体可能为同一河道的溢岸沉积，在划分对比时应将其划入同一单砂层（图 5.8b）。

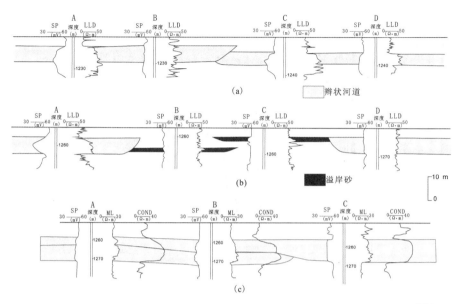

图 5.8　扇三角洲平原辫状河道砂体细分与对比剖面（据文献[52]）

其次，确定河道下切的形态。辫状河道的侵蚀能力强，后期河道可能对前期河道产生较大的改造作用，如图 5.8 所示，A、B 两井存在冲刷面，显示早期河道受到部分改造。而 C 井不存在冲刷面，并且 C 井河道的顶面高程与 A、B 井的后期河道一致，可以判断 C 井所发育的单期厚层河道砂体与 A、B 井上部河道为同一个河道。这种情况下，就不能依据 A 井和 B 井的趋势对 C 井进行劈分，而应该将 C 井所发育的河道看做是一期厚层河道（图 5.8c）。

然后，以五级洪泛面为标志层，以辫状河道砂体空间叠置模式为指导，进行横向对比。在四级基准面上升晚期和下降早期发育对称型五级层序，五级层序的洪泛沉积保存相对较完整，可作为区域上较稳定的标志层（图 5.9）。基准面变化控制下的辫状河道砂体的空间叠置模式概括为如下几种类型：低幅搭接型、拼合型、高幅搭接型、孤立型（图 5.10）。在基准面升降的不同位置，砂体的空间叠置呈现有规律的变化，可用以指导单砂体的划分与对比。

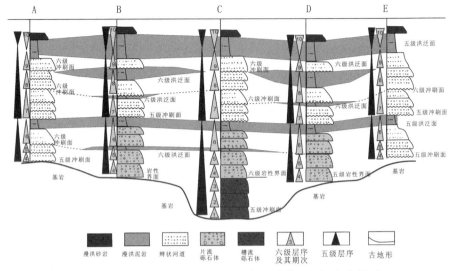

图 5.9 扇三角洲平原切物源方向高频层序对比模式

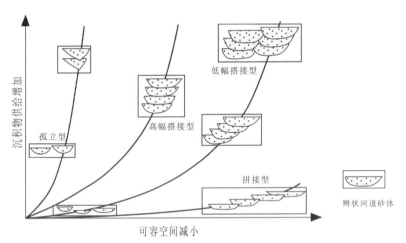

图 5.10 辫状河道砂体空间叠置模式（据文献[97]）

5.2.2 扇三角洲前缘地层对比模式

扇三角洲前缘的沉积微相主要包括水下分流河道、河口坝、舌状坝和席状砂等。受湖平面变化、沉积物供应、构造活动、水动力条件等因素的影响，扇三角洲前缘的层序结构类型多样、储层变化快。在进行地层对比时要充分考虑不同类型微相的沉积特征与组合关系，在标志层控制下进行旋回对比。

1. 水下分流河道与河口坝或舌状坝之间的对比模式

水下分流河道携带沉积物在向前移动的过程中会逐渐演化为河口坝或舌状坝，而后一期的水下分流河道可能会下切前一期舌状坝或河口坝沉积，形成不同的组合样式。因此在水下分流河道与河口坝或舌状坝的交互沉积区可采用如下对比模式。

1）切物源方向下切对比模式

在进积作用较强的情况下，无论是河口坝还是舌状坝，都会受到后期水下分流河道的不同程度的侵蚀冲刷作用，而导致河口坝（或舌状坝）在切物源方向上厚度变化很大，顶部界面起伏不平。但是层序底部洪泛面的侧向连续性较好，在横向对比时，可以五级层序洪泛面为标志层，自下而上对比测井曲线形态，测井曲线由反旋回向正旋回转换处即为河口坝或舌状坝顶部侵蚀冲刷面发育的位置。

河口坝或舌状坝的残留厚度的大小受控于垂向可容空间的大小。河口坝形成于较为平缓的地形条件下，垂向可容空间较小，水下分流河道下切作用强，因此河口坝受改造的程度高，如图5.11中L28-6井和L28井中测井曲线所显示的河口坝反旋回特征已经不完整，井间的厚度变化大。舌状坝形成于较陡的地形条件下，垂向可容空间明显较大，因此水下分流河道的下切作用很弱，舌状坝的反旋回形态较为完整，坝主体部分仍保留相当大的厚度（图 3.33）。

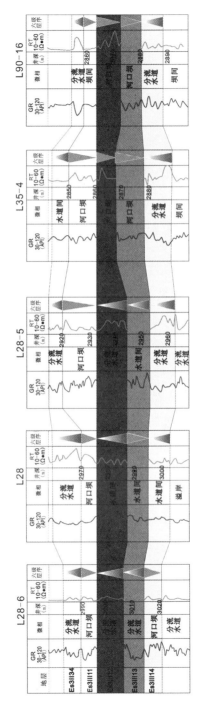

图 5.11 水下分流河道下切河口坝对比剖面（切物源方向）

2）顺物源方向不等厚平对模式

（1）透镜状平对模式。

该模式适用于水下分流河道在顺物源方向上快速演变为舌状坝的情况下。以柳赞油田北区为例，该研究区的舌状坝的成因机制是重力作用下大量沉积物的卸载，因此舌状坝的主体部分厚度较大，通常要比水下分流河道厚，在坝缘部位厚度逐渐减薄，因此适用透镜状平对模式（图 5.12）。

（2）由厚变薄的平对模式。

该模式适用于水下分流河道演变为河口坝的情况下。以柳赞油田北区为例，该研究区内河口坝发育在缓坡环境下，其成因机制是水下分流河道砂体在入湖以后被湖浪作用改造、搬运、再沉积形成的，河口坝厚度通常小于水下分流河道，因此可采用顺物源方向上由厚变薄的平对模式（图 5.13）。

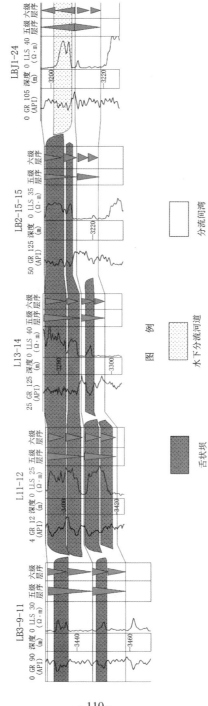

图 5.12 水下分流河道与舌状坝互沉积区对比剖面（顺物源方向）

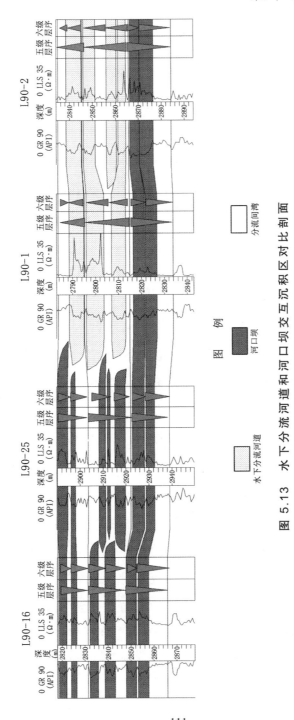

图 5.13　水下分流河道和河口坝交互沉积区对比剖面

2. 舌状坝与舌状坝之间的对比模式

舌状坝在切物源方向上显示为多个坝体的互相叠置，在顺物源方向上不断前积，因此可分别采用以下两种对比模式：

（1）切物源方向侧向叠置对比模式。

该模式适用于切物源方向的地层剖面中。具体操作流程如下：首先进行同期舌状坝的识别。同期舌状坝的底界面通常为同期形成的洪泛面或岩性界面，坝群的底面形态受古地形控制顶面起伏不平。单一舌状坝的侧向边界识别标志主要是坝间微相的出现以及测井曲线形态差异。依据单一舌状坝的边界识别标志，可将平面上同期舌状坝的拼接样式概括为：舌状坝主体拼接（图 5.14a）、舌状坝侧缘拼接（图 5.14b）、舌状坝－坝间－舌状坝拼接（图 5.14c）。其次，以六级层序泥质披盖为标志层，以多期舌状坝的空间叠置模式为指导，进行对比。多个舌状坝的叠置模式以及六级层序界面的分布范围受控于 A/S 比值的变化（图 5.15）。在低 A/S 比值的条件下舌状坝的叠置程度高，坝主体为多期砂砾岩垂向叠加，基本无细粒的泥质披盖。多期坝砂体之间的泥质披盖分布围窄，仅在坝缘的小范围内存在。在中等 A/S 比值的条件下舌状坝的叠置程度有所降低，泥质披盖的分布范围逐渐扩大，可以覆盖整个坝缘。在坝主体互相叠加的部位仍然发育粗粒的厚层砂砾岩。向坝缘两侧发育下细上粗的反韵律，泥岩与坝砂体直接接触。在高 A/S 比值的条件下舌状坝的叠置程度继续降低，在每一期舌状坝沉积间歇期发育的泥质披盖得以完整保存，且具有一定的厚度。由坝主体至坝缘都发育下细上粗的反韵律。

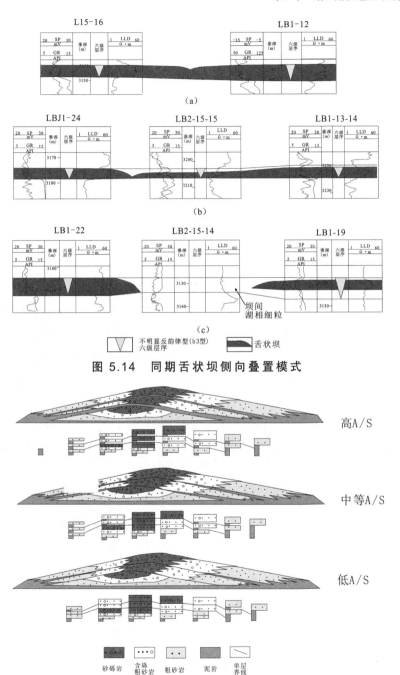

图 5.14 同期舌状坝侧向叠置模式

图 5.15 A/S 比值控制下的舌状坝切物源方向对比模式（据文献[46]）

（2）顺物源方向前积叠置对比模式。

前积是扇三角洲形成过程中的典型沉积作用，本书通过研究发现无论是在野外露头还是在井下，多期扇三角洲河口坝沉积在顺物源方向上显示为前积叠置样式。图 5.16 中地层Ⅰ、Ⅱ和Ⅲ厚度 10 m 左右，大致相当于六级层序，在顺物源方向依次前积。图 5.17 为滦平盆地河口坝微相沉积剖面，图中 A、B、C 三套地层也在顺物源方向上依次前积，且单层厚度在 1～4 m，相当于油田开发的单层级别。

图 5.16　库珀河扇三角洲前缘单层前积特征（引自文献[98]）

图 5.17　滦平盆地扇三角洲前缘单层前积特征

在柳赞油田北区Ⅳ₂砂组进行单层对比时，同样发现井间多个舌状坝单砂体也有前积现象，具体表现为：垂向上，后期舌状坝的砂体厚度大，延伸范围远，表明进积作用较强。多期六级层序的坝砂体之间发育泥质披盖，泥质披盖的厚度和层位在横向上变化较快。根据舌状坝的相变模式，在密集井网区选取小井距的两口井，将 IV$_2$ 砂组顶部的自然伽马突变标志层拉平，对 IV$_2$ 砂组内部单层的前积角度进行估算约为 2°～5°（图 5.18）。在估算出的前积角度的控制下进行舌状坝的前积对比（图 5.19）。

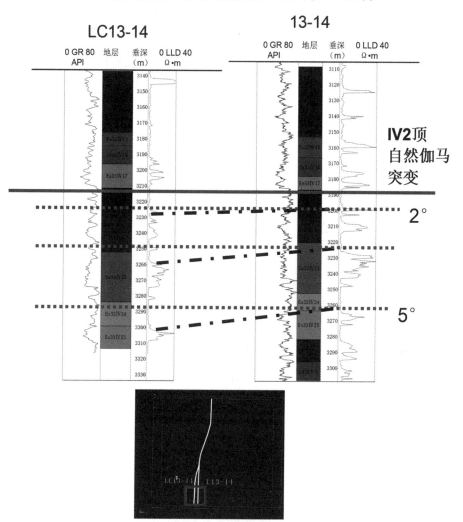

图 5.18　扇三角洲前缘单层前积角度的估算（据吴胜和，纪友亮，2008）

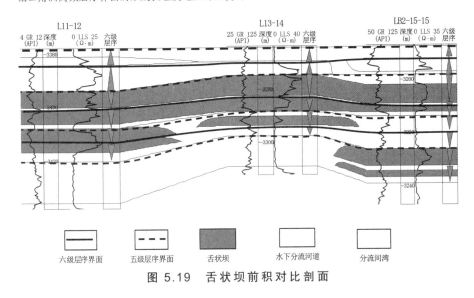

图 5.19　舌状坝前积对比剖面

3. 五级层序的分叉与合并对比模式

扇三角洲前缘环境，五级层序的横向厚度变化经常受控于古地形的起伏，尤其是由盆地内部至盆地边缘，地层厚度逐渐减薄，五级层序随之合并，层序界面之间的距离逐渐缩短。因此，在对比扇三角洲前缘五级层序时可采用分叉、合并的对比模式。以内蒙古五间房盆地为例来具体阐述这一对比模式。

如图 5.20 所示，五间房盆地东部为陡坡带，西部发育缓坡带，中部发育凹陷带。0 线东部附近由于边界岩体的存在，导致 ZKP0-7 以东的 ZK0-1 至 ZKX0-2 井所在区域的古地形较高，地层厚度较薄。ZKP0-7 井、ZKX0-12 井和 ZKX0-13 井位于盆地内部，地层厚度较大（图 5.21）。层序 V 和层序 IV 分别以煤层为顶部界面，以洪泛泥岩为底部界面，垂向显示向上变粗的反旋回特征，微相类型为河口坝。在横向上，层序 V 和层序 IV 顶部煤层厚度变化不大，可作为地层对比的标志层。ZKX0-13 井至 ZKX0-1

井层序Ⅴ厚度逐渐变薄，与下部层序Ⅳ逐渐合并，两层煤逐渐合并为一层巨厚煤层，依据厚煤层中的夹矸可将两个五级层序区分开（图 5.22）。

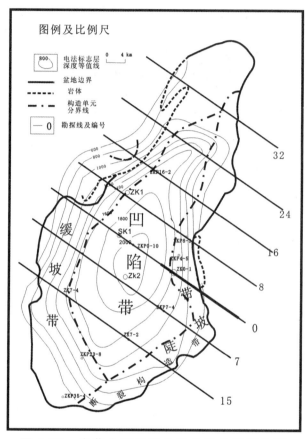

图 5.20　内蒙古五间房盆地构造单元划分图

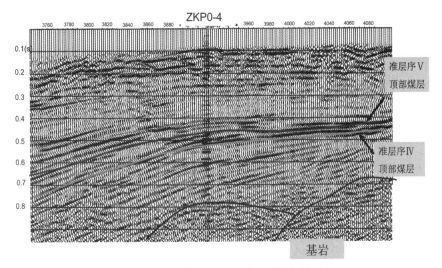

图 5.21 五间房盆地过井二维地震剖面

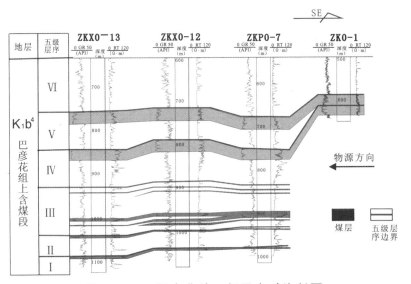

图 5.22 五间房盆地五级层序对比剖面

在采用该模式进行对比时要注意分析造成地层厚度减薄的原因。依据地震、测井等多方面资料分析地层和构造的演化特征，对于后期断层作用和构造抬升作用造成的地层厚度减薄不能采用该模式。

第6章 结 论

（1）扇三角洲环境五级层序界面主要表现为冲刷面、岩性界面和间歇暴露面；当五级层序只发育基准面上升半旋回或只发育下降半旋回时，洪泛面与层序的顶、底界面近于重合。六级层序界面的表现形式与单一成因微相的自身属性有关，通常表现为冲刷面、岩性界面、间歇暴露面和泥质披盖。

（2）扇三角洲环境下，五级层序界面主要表现为槽流、辫状河道和水下分流河道的底部冲刷面、片流底部岩性界面、洪泛平原间歇暴露面以及河口坝（或舌状坝）沉积区的洪泛泥岩。在四级基准面变化的不同阶段五级层序界面的特征也有差异。

① 在扇三角洲平原，四级基准面上升早期层序界面表现为槽流、辫状河道底部侵蚀冲刷面以及片流底部岩性界面；四级基准面上升早中期，层序界面以辫状河道底部冲刷面为主；在四级基准面上升中期层序界面主要表现为小型辫状河道底部弱冲刷面；在四级基准面上升晚期层序界面为间歇暴露面和弱冲刷界面。

② 在扇三角洲前缘，陡坡条件下，随着四级基准面的不断下降，冲刷面的分布范围不断增大，洪泛泥岩的分布范围不断缩小。缓坡条件下，随着四级基准面不断上升，冲刷面的分布范围不断减小，洪泛泥岩的分布范围和垂向厚度不断增大；当四级基准面转为不断下降时，洪泛泥岩的分布范围仍然广泛，但厚度逐渐变小。

（3）扇三角洲环境单一六级层序界面主要表现为槽流、辫状河道和水下分流河道的底部冲刷面、片流底部岩性界面以及河口坝（或舌状坝）沉积区的泥质披盖。多期六级层序界面的分布样

式受控于 A/S 比值变化。

① 在扇三角洲平原，A/S 比值越高，砂体叠置程度就越低，冲刷面的叠置程度也随之降低。

② 在扇三角洲前缘，陡坡背景下，A/S 比值越低，舌状坝砂体或河道砂体的空间叠置程度就越高，舌状坝砂体之间的岩性界面和河道底部冲刷面就越发育；在缓坡背景下，A/S 比值降低会导致砂体的侧向拼接程度升高，但泥质披盖仍然保持较好的侧向稳定性。

（4）扇三角洲五级层序界面的形成和发育主要受控于构造和气候变化两大异旋回因素。

① 扇三角洲平原环境下，构造活动通过控制沉积作用的类型进而控制高频层序界面的形成。只有当物源区的抬升或盆地沉降而引起的可容空间增加量大于沉积物供应量，才可能为片流的发育提供足够的可容空间，形成片流底部岩性界面；否则，当可容空间增量小于沉积物供应量则会使河道下切早期片流，形成河道冲刷面。在扇三角洲前缘环境，高频幕式沉降作用主要通过影响盆地沉降速率和沉积速率的变化来控制五级层序界面的形成。河道底部冲刷面形成于沉降速率小于沉积速率的阶段，而洪泛泥岩形成于沉降速率大于沉积速率的阶段。

② 气候对五级层序界面的控制主要通过对湖平面变化和物源供给变化两方面的控制来实现的。气候变化的周期性造成陆上洪水或泥石流爆发的准周期性，在相同的构造背景下，低频气候旋回孕育低频洪水事件或泥石流事件，使得五级层序界面的识别标志分布范围广，侧向连续性好；高频气候旋回孕育高频洪水事件或泥石流事件，使得五级层序界面的识别标志分布范围窄，侧向连续性较差。不同类型的湖盆的湖平面变化对气候的敏感程度不同，五级层序界面的特征也有差异。深水盆地中湖平面变化对冲刷面和洪泛泥岩的平面分布范围的影响较小。浅水盆地中湖平面变化对冲刷面和洪泛泥岩的平面分布范围的影响较大。

（5）扇三角洲环境单一六级层序界面的形成与发育主要受控

于自旋回因素。

① 控制扇三角洲平原单一六级层序界面的自旋回控制因素主要是流体性质的转变。无论基准面上升或下降，槽流或片流在自身演化过程中，都会由高密度的重力流转化为低密度的牵引流，六级层序界面也随之由槽流底部冲刷面或片流底部岩性界面转变为河道底部冲刷面。

② 控制扇三角洲前缘六级层序界面的自旋回因素主要为河水与湖水的相互作用。无论异旋回因素如何变化，扇三角洲平原的辫状河道依然会在河水与湖水的相互作用下演化为水下分流河道和河口坝，或者舌状坝，在河道沉积区六级层序界面表现为冲刷面，在河口坝（或舌状坝）沉积区六级层序界面表现为泥质披盖或岩性界面。

（6）自旋回与异旋回既有区别又有联系。自旋回过程是由内因驱动的，而异旋回过程是由外因驱动的。自旋回作用的时间跨度远小于异旋回作用的时间跨度；自旋回作用的范围仅限于异旋回作用范围之内的局部区域。异旋回为自旋回提供外部条件；异旋回与自旋回在一定情况下可以互相转化。

（7）在进行扇三角洲地层对比时，针对不同的沉积相带应采用不同的对比模式。扇三角洲平原的槽流沉积区一般采用填平补齐对比模式，在片流沉积区可采用洪泛面等间距对比模式；在片流砾石体与辫状河道交互沉积区，顺物源方向上采用的等厚平对模式；切物源方向上采用下切对比模式；在辫状河道沉积区，主要以五级洪泛面为标志层，以基准面控制下的河道砂体叠置样式为指导进行对比；在扇三角洲前缘水下分流河道与河口坝（或舌状坝）的交互沉积区，顺物源方向上采用不等厚平对模式，切物源方向上采用下切对比模式；在舌状坝沉积区，切物源方向上采用侧向叠置对比模式，顺物源方向采用前积叠置对比模式；针对五级层序由盆地内部至盆地边缘不断聚合的特点采用分叉与合并对比模式。

参考文献

[1] 梅冥相. 从旋回的有序叠加形式到层序的识别和划分：层序地层学进展之三[J]. 古地理学报，2011，13（1）：37-54.

[2] Mitchum R, Van Wagoner J. High frequency sequences and their stacking patterns： Sequence stratigraphic evidence for high frequency eustatic cycles[J]. Sedimentary Geology, 1991, 70（2-4）： 131-160.

[3] 郑荣才，彭军，吴朝容. 陆相盆地基准面旋回的级次划分和研究意义[J]. 沉积学报，2001，19（2）：249-255.

[4] Cross T A. Controls on coal distribution in transgressive-regressive cycles, Upper Cretaceous, Western Interior, USA [J]. Sepecial Publication, 1988: 371-380.

[5] Anderson E J, Goodwin P W. The significance of metre-scale allocycles in the quest for a fundamental stratigraphic unit[J]. Geological Society, 1990, 147(3): 507-518.

[6] 王鸿祯，史晓颖，王训练，等. 中国层序地层学研究[M]. 广州：广州科技出版社，2000：395-428.

[7] Vail P R. Seismic Stratigraphy Interpretation Using Sequence Stratigraphy, Part 1: Seismic Stratigraphy Interpretation Procedure[C]//Atlas of seismic stratigraphy, studies in Geology. 1987, 1(27): 1-10.

[8] Sloss L. Sequences in the cratonic interior of North America[J]. GSA Bulletin, 1963, 74（2）： 93-113.

[9] 高志勇. 河流相沉积中准层序与短期基准面旋回对比研究——以四川中部须家河组为例[J]. 地质学报，2007，81（1）：109-118.

[10] Galloway W E. Genetic stratigraphic sequences in basin analysis I : architecture and genesis of flooding-surface bounded depositional units[J]. AAPG Bulletin, 1989, 73（2）: 125-142.

[11] 薛良清. 成因层序地层学的回顾与展望[J]. 沉积学报，18（3）：484-489.

[12] Miall A D. Arcitectural-element analysis: A new method of facies analysis applied to fluvial deposits[J]. Earth Science Reviews, 1985, 22(4): 261-308.

[13] Lewis W V. Stream trough experiments and terrace formation[J]. Geological Magazine, 1944, 81(6): 241-253.

[14] Schumm S A, Parker R S. Implications of complex response of drainage systems for Quaternary alluvial stratigraphy[J]. Nature（Physical Science）, 1973, 243(128): 99-100.

[15] Muto T, Steel R J, Swenson J B. Autogenic attainment of large-scale alluvial grade with steady sea-level fall: An analog tank-flume experiment[J]. Geology, 2006, 34(3)：161-164.

[16] Muto T, Steel R J, Swenson J B. Autostratigraphy: A Framework norm for genetic stratigraphy[J]. Journal of Sedimentary Research, 2007, 77(1): 2-12.

[17] Muto T, Steel R J. Autogenic response of fluvial deltas to steady sea-level fall: Implications from flume-tank experiments[J]. Geology, 2004, 32(5): 401-404.

[18] Muto T, Steel R J. In defense of shelf-edge delta development during falling and low stand of relative sea level[J]. Journal of Geology, 2002, 110(4): 421-436.

[19] 高志勇，郑荣才，罗平. 陆相高分辨率层序地层中洪泛面特征研究[J]. 成都理工大学学报（自然科学版），2007, 34（1）: 47-56.

[20] 邓宏文，吴海波，王宁，等. 河流相层序地层划分方法——以松辽盆地下白垩统扶余油层为例[J]. 石油与天然气地质，2007, 28（5）: 621-627.

[21] 邓宏文. 高分辨率层序地层学应用中的问题探析[J]. 古地理学报，2009, 11（5）: 471-480.

[22] 孙阳，樊太亮，傅良同. 大庆长垣姚家组高频层序地层与米兰科维奇旋回对应性[J]. 现代地质，2011, 25（6）: 1145-1166.

[23] 纪友亮，冯建辉. 东濮凹陷沙三段高频湖平面变化及低位砂体预测[J]. 高校地质学报，2003, 9（1）: 99-112.

[24] 王冠民. 古气候变化对湖相高频旋回泥岩和页岩的沉积控制[D]. 广州：中国科学院研究生院，广州地球化学研究所，2005.

[25] Gibling M R, Tandon S K, Sinha R. Discontinuity-bounded alluvial sequence of the southern Gangetic Plains, India: aggradation and degradation in response to monsoonal strength[J]. Journal of Sedimentary Research, 2005, 75(3): 369-385.

[26] 张成，李春柏，楚美娟，等. 乌尔逊凹陷下白垩统高频层序特征及其控制因素分析[J]. 沉积学报，2005, 23（4）: 657-663.

[27] 程日辉，王国栋，王璞珺. 松辽盆地白垩系泉三段——嫩二段沉积旋回与米兰科维奇周期[J]. 地质学报，2008, 82（1）: 55-64.

[28] 郭少斌，陈成龙. 利用米兰科维奇旋回划分柴达木盆地第四系层序地层[J]. 地质科技情报，2007, 26（4）: 27-30.

[29] 胡受权，郭文平. 断陷湖盆陆相层序中高频层序的米氏旋回成因探讨[J]. 中山大学学报（自然科学版），2002, 41（6）:

91-94.

[30] 李凤杰，郑荣才，赵俊兴. 鄂尔多斯盆地米兰科维奇旋回在延长组发育的一致性[J]. 西安石油大学学报（自然科学版），2008，23（5）：1-5.

[31] 邱桂强，刘军锷，帅萍. 米氏旋回基本原理及其在陆相湖盆分析中的应用前景[J]. 油气地质与采收率，2001（5）：5-9.

[32] 钱一雄，刘忠宝，蔡习尧，等. 塔里木盆地塔中南缘中2井良里塔格组沉积亚相研究[J]. 石油实验地质，2010,84(4)：341-347.

[33] 李凤杰，郑荣才，罗清林，等. 四川盆地东北地区长兴组米兰科维奇周期分析[J]. 中国矿业大学学报，2007（6）：805-810.

[34] 郭少斌. 辽河凹陷东部桃园——大平房地区东营组层序地层及沉积特征[J]. 现代地质，2006，20（3）：473-479.

[35] 任拥军，王冠民，马在平，等. 试论短周期幕式构造沉降对陆相断陷盆地高频沉积旋回的控制[J]. 沉积学报，2005，23（4）：672-676.

[36] 解习农，陆永潮. 陆相盆地幕式构造旋回与层序构成[J]. 地球科学：中国地质大学学报，1996，21（1）：27-33.

[37] 池英柳，张万选. 陆相断陷盆地层序成因初探[J]. 石油学报，1996，17（3）：19-26.

[38] 赵俊青，纪友亮，夏斌，等. 扇三角洲沉积体系高精度层序地层学研究[J]. 沉积学报，2004，22（2）：302-309.

[39] 靳松，朱筱敏，钟大康. 扇三角洲高分辨率层序地层对比及砂体分布规律[J]. 中国地质，2006，33（1）：212-220.

[40] 樊中海，杨振峰，张成，等. 高精度层序地层格架在扇三角洲体系储层精细对比中的应用——以泌阳凹陷赵凹油田为例[J]. 地质科技情报，2005，24（2）：33-38.

[41] 郭建华. 高频湖平面升降旋回与等时储层对比——以辽河西部凹陷欢50块杜家台油层为例. 地质论评,1998,44(5)：

529-534.

[42] 王华,姜华,林正良,等.南堡凹陷东营组同沉积构造活动性与沉积格局的配置关系研究[J].地球科学与环境学报,2011,33(1):70-77.

[43] 包莹莹,杨子荣,杨彦东,等.南堡凹陷柳赞油田扇三角洲储层地质建模[J].吐哈油气,2009,13(1):63-66.

[44] 廖保方,薛云松,张梅,等.南堡凹陷柳赞油田沙三$^{2+3}$油藏滚动勘探开发新认识[J].中国石油勘探,2007,12(5):12-17.

[45] 穆立华,彭仕宓,尹志军,等.冀东柳赞油田古近系沙河街组层序地层及岩相古地理[J].古地理学报,2003,5(3):304-315.

[46] 张昌民,尹太举,张尚锋,等.双河油田陆架型扇三角洲的沉积机理及向上变粗层序的成因[J].石油与天然气地质,2005,26(1):99-103.

[47] 武法东,陈永进,侯宇安,等.滦平盆地沉积—构造演化及高精度层序地层特征[J].地球科学-中国地质大学学报,2004,29(5):625-630.

[48] 陈永进,武法东.滦平盆地桑园营子露头剖面沉积层序的Markov链模拟[J].现代地质,2000,14(4):454-458.

[49] 耳闻,顾家裕,牛嘉玉,等.重力驱动作用——滦平盆地下白垩统西瓜园组沉积时期主要的搬运机制[J].地质论评,2010,56(3):312-320.

[50] 李寅.滦平盆地西瓜园组扇三角洲沉积体系构成及其特征[J].地球学报,2003,24(4):353-356.

[51] 项华,张乐.滦平盆地西瓜园组扇三角洲露头层序特征[J].油气地质与采收率,2007,14(6):20-22.

[52] 渠芳,陈清华,连承波.河流相储层细分对比方法探讨[J].西安石油大学学报(自然科学版),2008,23(1):17-21.

[53] 束青林.对储层单元分级方案的探讨[J].油气地质与采收

率，2006，13（1）：11-13.

[54] 何文祥，吴胜和，唐义疆，等. 河口坝砂体构型精细解剖[J]. 石油勘探与开发，2005，32（5）：42-46.

[55] 李云海，吴胜和，李艳平，等. 三角洲前缘河口坝储层构型界面层次表征[J]. 石油天然气学报，2007，29（6）：49-52.

[56] 温立峰，吴胜和，王延忠，等. 河控三角洲河口坝地下储层构型精细解剖方法[J]. 中南大学学报（自然科学版），2011，42（4）：1072-1078.

[57] Miall A D. Architectural elements and bounding surfaces in fluvial deposits：Anatomy of the Kayenta Formation（Lower Jurassic）[J]. Southwes Colorado. Sedimentary Geology, 1988, 55(3-4): 233-262

[58] 郑荣才，彭军. 陕北志丹三角洲长 6 油层组高分辨率层序分析与等时对比[J]. 沉积学报，2002，20（1）：92-100.

[59] 吴胜和，伊振林，许长福，等. 新疆克拉玛依油田六中区三叠系克下组冲积扇高频基准面旋回与砂体分布型式研究[J]. 高校地质学报，2008，14（2）：157-163.

[60] 李国永，徐怀民，路言秋，等. 准噶尔盆地西北缘八区克下组冲积扇高分辨率层序地层学[J]. 中南大学学报（自然科学版）2010，41（3）：1124-1131.

[61] 焦巧平，高建，侯加根，等. 洪积扇相砂砾岩体储层构型研究方法探讨[J]. 地质科技情报，2009，28（6）：57-63.

[62] 张春生，高玉华. 歧北凹陷舌状砂体沉积模拟实验[J]. 石油与天然气地质，1995，16（2）：178-183.

[63] 冯有良，李思田. 陆相断陷盆地层序形成动力学及层序地层模式[J]. 地学前缘，2000，7（3）：119-132.

[64] 郭彦如. 银额盆地查干断陷闭流湖盆层序的控制因素与形成机理[J]. 沉积学报，2004，22（2）：295-301.

[65] 胡受权，杨凤根. 试论控制断陷湖盆陆相层序发育的影响因素[J]. 沉积学报，2001，19（2）：256-262.

[66] 李凤杰，刘琪，刘殿鹤，等. 四川盆地东北部二叠系层序发育的动力学分析[J]. 地层学杂志，2010，34（1）：35-42.

[67] 张元福，魏小洁，徐杰，等. 北京延庆硅化木公园地质剖面陆相层序地层特征分析[J]. 地学前缘，2012，19（1）：68-77.

[68] 朱红涛，杜远生，何生. 层序地层学模拟研究进展及趋势[J]. 地质科技情报，2007，26(5)：27-34.

[69] 纪友亮，曹瑞成，蒙启安，等. 塔木察格盆地塔南凹陷下白垩统层序结构特征及控制因素分析[J]. 地质学报，2009，83（6）：827-835.

[70] 李新坡，莫多闻，朱忠礼，等. 一个片流过程控制的冲积扇——太原盆地风峪沟冲积扇[J]. 北京大学学报（自然科学版），2007，43（4）：560-566.

[71] 周海民，汪泽成，郭英海. 南堡凹陷第三纪构造作用对层序地层的控制[J]. 中国矿业大学学报，2000，29（3）：104-108.

[72] 任建业，陆永潮，张青林. 断陷盆地构造坡折带形成机制及其对层序发育样式的控制[J]. 地球科学-中国地质大学学报，2004，29（5）：596-602.

[73] 史冠中，王华，徐备，等. 南堡凹陷柏各庄断层活动特征及对沉积的控制[J]. 北京大学学报（自然科学版），2011，47（1）：85-90.

[74] Marco Benvenuti. Facies analysis and tectonic significance of lacustrine fan-deltaic successions in the Pliocene-Pleistocene Mugello Basin, Central Italy[J]. Sedimentary Geology, 2003, 157(3-4): 197-234.

[75] Waters J V, Jones S J, Armstrong H A. Climatic controls on late Pleistocene alluvial fans[J]. Geomorphology, 2010, 115(3-4): 228-251.

[76] 刘占红，李思田. 沉积记录中的古气候周期及其在高频层序形成中的意义[J]. 地质科技情报，2007，26（2）：30-34.

[77] Olsen P E. Tectonic, Climatic, and Biotic Modulation of

Lacustrine Ecosystems-Examples from Newark Supergroup of Eastern North America[J]. Aapg Memoir, 1990(50): 209-224.

[78] Olsen E P. Periodicity of lake-level cycles in the Late Triassic Lockatong formation of the Newark basin (Newark supergroup, New Jersey and Pennsylvania)[M]. Milankovitch and Climate, 1984: 1129-1146.

[79] 纪友亮，孙玉花，贾爱林. 滦平盆地西瓜园组（上侏罗统—下白垩统）暗色泥岩中恐龙脚印化石及其地质意义[J]. 古地理学报，2008，10（4）：379-384.

[80] 于兴河. 碎屑岩系油气储层沉积学[J]. 北京：石油工业出版社，2008：239-253.

[81] 李林，曲永强，孟庆任，等. 重力流沉积：理论研究与野外识别[J]. 沉积学报，2011（4）：677-688.

[82] Mohrig D, Whipple K X, Hondzo M, et al. Hydroplaning of subaqueous debris flows[J]. Bulletin of the Geological Society of America, 1998, 110(3): 387-394.

[83] 袁新涛，沈平平. 高分辨率层序框架内小层综合对比方法. 石油学报，2007，28（6）：87-91.

[84] 赵翰卿. 高分辨率层序地层对比与我国的小层对比[J]. 大庆石油地质与开发，2005，24（1）：5-9.

[85] 郑荣才，柯光明，文华国，等. 高分辨率层序分析在河流相砂体等时对比中的应用[J]. 成都理工大学学报：自然科学版，2004，31（6）：641-647.

[86] 胡光明，王军，纪友亮，等. 河流相层序地层模式与地层等时对比[J]. 沉积学报，2010，28（4）：745-751.

[87] 李顺明. 相控旋回高精度成因地层对比方法及应用[J]. 油气地质与采收率，2008，15（1）：22-25.

[88] 刘波. 基准面旋回与沉积旋回的对比方法探讨[J]. 沉积学报，2002，20（1）：112-117.

[89] 单卫国，王明伟. 地层对比中层序地层学理论的运用——以

滇东中下泥盆统为例[J]. 地层学杂志，2000，24（2）：156.

[90]　丁艳，许长福，何幼斌，等. 克拉玛依油田六中区下克拉玛依组精细地层对比研究[J]. 长江大学学报（自然版），2011，8（8）：32-34.

[91]　何金先，段毅，张晓丽，等. 鄂尔多斯盆地林镇地区延安组延9油层组地层对比与沉积微相展布[J]. 天然气地球科学，2012，23（2）：291-298.

[92]　王光付，战春光，刘显太，等. 精细地层对比技术在油藏挖潜中的应用.石油勘探与开发，2000，27（6）：56-57，62.

[93]　伊振林，吴胜和，杜庆龙，等.克拉玛依油田六中区克下组冲积扇地层对比方法探讨[J]. 新疆石油天然气，2009，5（4）：1-5.

[94]　张纪易. 粗碎屑洪积扇的某些沉积特征和微相划分[J]. 沉积学报，1985，3（3）：75-85.

[95]　鲜本忠，王永诗. 基于小波变换基准面恢复的砂砾岩期次划分与对比[J]. 中国石油大学学报（自然科学版），2008，32（6）：1-5.

[96]　刘显太.复杂砂砾岩体储层描述评价技术[C]//第二届中国石油油藏开发地质研讨会. 北京，2010：10-11.

[97]　龙国清，韩大匡，田昌炳，等. 油藏开发阶段河流相基准面旋回划分与储层细分对比方法探讨[J]. 现代地质，2009，23（5）：963-967.

[98]　Galloway W E. Sediments and stratigraphic framework of Copper River fan-delta[J]. Journal of Sedimentary Research. 1976, 46(3): 726-737.